Erwin Karcher

# 1x1 der Allrad-Lkw



## Technik, Theorie und Fahrpraxis

Motor buch Verlag

Umschlaggestaltung: Luis dos Santos unter Verwendung von Abbildungen aus dem Archiv der Daimler Truck AG

Die zur Illustration dieses Buches verwendeten Aufnahmen stammen, sofern nichts anderes vermerkt ist, aus dem Archiv des Autors und aus den Archiven der jeweiligen Lkw-Hersteller.



ISBN 978-3-613-04689-4



1. Auflage 2024

Sie finden uns im Internet unter **www.motorbuch-verlag.de**



Lektorat: Bernd Keidel
Innengestaltung: Sven Rauert
Druck und Bindung: Graspo CZ, 76302 Zlín
Printed in Czech Republic

# VORWORT

Wie bitte? Schon wieder ein Buch über Lkw und über Allradtechnik noch dazu? Gibt es das denn nicht schon?
Ja, richtig: Erst in jüngster Zeit erschien in diesem Verlag das Standard-Werk »Das große Buch der Lkw-Technik« von Erich Hoepke mit allgemein technischen Begriffen zum Lastkraftwagen von »A« wie Antrieb bis »Z« wie Zweikreislenkung in einer neuen revidierten und aktualisierten Auflage. Und kürzlich kam mit »Das große 1x1 des 4x4« von Michael Scheler auch eine Abhandlung über den Allrad auf den Markt – allerdings mit klarem Schwerpunkt auf dem Pkw-Bereich.
So erkannte ich denn beim genauen Studium dieser Bücher, dass noch eine direkte Verbindung zwischen diesen beiden Themenbereichen fehlte: Auf der einen Seite stand »Das große Buch der Lkw-Technik« mit einem nur kurzen Hinweis auf die hochgeländegängigen Fahrzeuge mit Allradantrieb, auf der anderen Seite »Das große 1x1 des 4x4« mit seinem klarem Bezug zur Pkw-Sparte mit Geländewagen und SUV.

Was lag also näher, als beide Themen miteinander zu verbinden – und ein Buch über die Allradtechnik im Lkw zu verfassen.
Dabei sollte es aber nicht alleine bei den theoretischen Erläuterungen bleiben, es sollte auch die Praxis, das Erleben der Technik im Fahrzeug einen hohen Stellenwert erhalten. Denn einen Ansatz, die Fahreindrücke im Lkw, speziell im unwegsamen Gelände, authentisch wiederzugeben habe ich in der Literatur bislang vermisst.

Nach über 30 Jahren als Versuchsingenieur im Entwicklungsbereich des weltgrößten Lkw-Herstellers fühlte ich mich nahezu »berufen«, diese Nische mit meinem – in all den Jahren und Jahrzehnten angesammelten Wissen – auszufüllen.
Als großer Vorteil erwies es sich während meiner Tätigkeit, die Entwicklung eines neuen Lkw-Modells oder auch nur eines neuen Bauteils nicht nur am Reißbrett mitzugestalten, sondern selbst am Lenkrad sitzend zu spüren, wie die Neuentwicklungen sich auf die Fahreigenschaften auswirkten.

Und ein unwahrscheinliches Glück dabei war, dass sich das hierfür erforderliche Erprobungsgelände direkt vor der Haustür befand. Der sogenannte »Sauberg« war mit seiner einzigartigen Topografie geradezu prädestiniert dafür, die Offroad-Fähigkeiten eines Allradfahrzeugs auf Herz und Nieren zu testen. Mit steilen Anstiegen auf steinigem Untergrund und einem Terrain mit einer stark ausgeprägten Wellencharakteristik, das Fahrzeug und Fahrer äußerst beansprucht, erweist sich der Sauberg meines Erachtens als das wohl schwierigstes Erprobungsgelände der Welt, auf dem ich während der praktischen Erprobung wertvolle Erfahrungen sammeln durfte.

Zum Ende meiner Berufszeit reifte in mir daher zunächst die Idee, meine langjährige Erfahrung im Umgang mit Allradkippern im Offroad-Gelände an das Versuchsteam in Form eines Handbuchs weiterzugeben.
Doch schon bald kam bei mir die Frage auf: Warum soll nur dieser explizite Personenkreis, der sich mit der Materie bereits gut auskennt, von meinem Erfahrungsschatz profitieren?
Der Entschluss stand fest: Aus meinem Kompendium für den internen Gebrauch sollte ein Buch für ein interessiertes (Fach)-Publikum werden, das die Zusammenhänge zwischen Allradtechnik und Fahreigenschaften kennenlernen und verstehen will. Während im Theorieteil ein bereits bestehendes gewisses Maß an technischem Verständnis das Lesen erleichtert, ist im Praxisteil explizit derjenige Leserkreis angesprochen, der sich ein Bild über die Fahreigenschaften und das Leistungsvermögen eines allradgetriebenen Lkw im Offroad-Gelände machen möchte. Und ganz nebenbei erfahren die Leserinnen und Leser, wie Kipper versuchsseitig getestet und welche Anforderungen werkseitig an sie gestellt werden.

So möchte ich die Leserschaft ermuntern, dieses Buch nicht etwa bereits während der ersten etwas trockenen und theorielastigen Kapiteln zur Seite zu legen, sondern durchzuhalten. Es erwarten Sie eindrucksvolle Bilder von LKWs, deren Achsen sich gegenläufig bewegen und deren Rahmen sich dabei beängstigend verdrehen. Damit und mit den dazugehörigen Beschreibungen wird den Leserinnen und Lesern ein Fahrerlebnis vermittelt, so, als würde man selbst hinter dem Steuer sitzen und fühlen, wie der voll beladene Kipper den steilen Anstieg Zentimeter um Zentimeter bezwingt.
Bevor wir jedoch in die Theorie einsteigen, möchte ich in einem sehr persönlichen Kapitel die Gründe für meine Affinität zum Lkw aufzeigen – und da spielt die Reiselust die Hauptrolle.
Da fügt es sich, dass Offroad-Lkw mittlerweile auch immer häufiger als Reisemobile Verwendung finden. Auch darauf werde ich auf den folgenden Seiten eingehen.

Ich wünsche meiner Leserschaft viel Freude bei der Lektüre!

Abschließend möchte ich mich bei den nachfolgend genannten Personen bedanken, ohne deren Hilfe das Buch in dieser Form nicht hätte entstehen können.

**Mein besonderer Dank geht an meine ehemaligen Kolleginnen und Kollegen im EVZ, die mich beim Beschaffen von Infomaterial unterstützt haben:**

- Frank Stephan für manch wichtigen praktischen Hinweis und insbesondere dafür, dass er bei aufkommenden neuen Fragen tatkräftig zur Lösung beitrug
- Franz Bleich für die begleitenden Fahrten beim »Fotoshooting« auf dem Sauberg und für die Tipps bei den Vorführstichen
- Hannes Wahle für die fruchtbaren Gespräche über die Differentialsperren und an
- meine Frau, für ihre Nachsicht an Wochenenden auf mich verzichten zu müssen und für die Unterstützung bei der grafischen Darstellung der Skizzen.

*Erwin Karcher*
*Bühl, im Herbst 2024*

# EINLEITUNG: LKW UND ALLRAD – EIN UNZERTRENNLICHES PAAR

Allrad, Differentialsperre, Verteilergetriebe, Böschungswinkel, Steigfähigkeit, Überladung: Dies alles sind Begriffe, die die meisten von uns schon gehört haben. Wir verbinden sie mit Fahrzeugen, die sich abseits der Straße durch Matsch und Schlamm oder tiefen und weichen Sand wühlen, die steile Hänge überwinden und sich unter hoher Last durch schwierige Geländeformationen quälen – mit Fahrzeugen, die sich im Offroad-Einsatz befinden.
Damit sind aber keineswegs nur »leichte« Geländekraxler aus der Kategorie Pkw gemeint, sondern auch schwere Nutzfahrzeuge aus der Kategorie Lkw. Diese stellen durch ihre bauartbedingten Eigenschaften besondere Anforderungen an Fahrerinnen und Fahrer.

In diesem Buch möchte ich nun genau diese Offroad-Eigenschaften von Lkw in den Mittelpunkt stellen. Es wird theoretische Betrachtungen geben, aber vor allen Dingen möchte ich auf die Praxis eingehen: Der Fahrer soll ein Verständnis dafür bekommen, wie Allradtechnik und Geländebeschaffenheit in Abhängigkeit zueinanderstehen, dafür, wie diese beiden Begriffe de facto ein unzertrennliches Paar bilden.
Die Betrachtung und Erläuterung der Fahreigenschaften erfolgen im Wesentlichen bei den Funktions- und Erprobungsfahrten der Kipperfahrzeuge im Erprobungsgelände der Daimler AG, dem sogenannten »Sauberg« sowie auf dem kleinen Erprobungsparcours im Daimler Entwicklungs- und Versuchszentrum bei Wörth, kurz »EVZ«. Auch Versuchsfahrten auf dem Unimog-Testgelände in Ötigheim fließen in die folgenden Ausführungen mit ein.
Bei meinem detaillierten Blick auf die Lkw-Technik und den Offroad-Einsatz werde ich mich stark auf die Nutzfahrzeuge der »Schweren Klasse« aus dem Hause Daimler beziehen und dort hauptsächlich die Mercedes-Benz-Baureihen Actros und dessen Nachfolger Arocs betrachten. Aber auch Querhinweise auf Fahrzeuge anderer Hersteller wird es genügend geben. Denn allgemein gilt – die hier vermittelten Grundlagen sind auf alle Arten geländegängiger Lkw übertragbar.

Afrika

## Die Erfüllung eines Traums

Aufgewachsen mit dem elterlichen Kfz-Betrieb, kam ich von Kindheit an mit Autos und Krafträdern in Berührung. Sinnbildlich dafür steht ein Foto von mir aus jenen Tagen, ölverschmiert mit einem großen Gabelschlüssel in der Hand.
Das größte Fahrzeug in unserer Werkstatt war der Abschleppwagen. Dieser war jedoch nicht der Grund für meine Begeisterung für Lkw. Woher also kam diese Faszination?
Seit jeher hatte mich das Reisefieber gepackt. Führten meine ersten Reisen mich mit einem Ford Transit quer durch Europa, so reifte in mir bald der Gedanke, den afrikanischen Kontinent zu erkunden. Diese Sehnsucht rührte aus einem Trip nach Spanien an die südlichste Spitze des europäischen Festlands, von der aus der Blick nach Nordafrika möglich war. Und so stand der Entschluss fest: Ich möchte Afrika nicht nur aus der Ferne betrachten können, sondern diesen sagenhaften Kontinent selbst »erfahren«. Klar war aber auch: Solch ein Abenteuer konnte nur mit einem großen, geländegängigen Fahrzeug gelingen. Der erste Schritt war der Erwerb des Lkw-Führerscheins. Natürlich wusste ich, dass man den Führerschein der Klasse 2, wie er damals hieß, bei der Bundeswehr machen konnte. Und wenn ich schon eingezogen werde, dann sollte diese Chance doch genutzt werden. Es klappte und die Umschreibung des Führerscheins nach der BW-Zeit für den öffentlichen Straßenverkehr war ohne größeren bürokratischen Aufwand problemlos möglich. Mit dem Führerschein in der Tasche war die Realisierung meines Afrika-Traums nun greifbar. Allerdings nicht sofort. Für die Umsetzung musste zunächst noch das Ende meines Studiums abwarten.

Zusammen mit drei Studienkollegen, die ebenfalls das Afrika-Reisefieber gepackt hatte, startete die Planungsphase. Die große Herausforderung war die Auswahl eines geeigneten Fahrzeugs.
Da niemand von uns Wüstenkenntnisse besaß, war das einhellige Credo, dass für eine erfolgreiche Wüstendurchquerung die Risiken möglichst

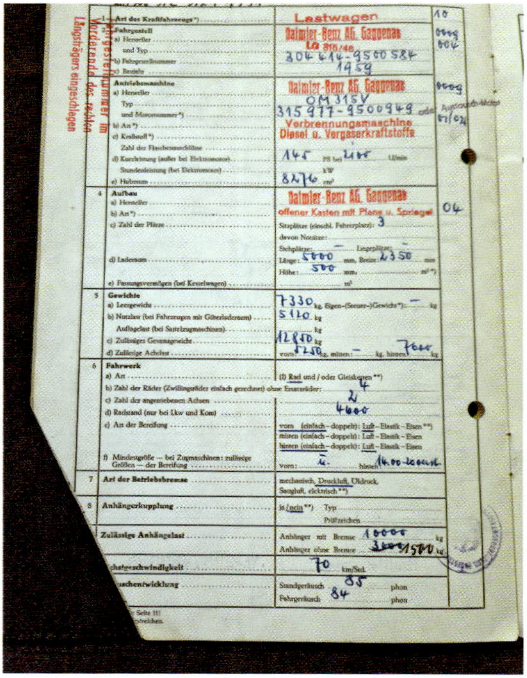

Längsträgers eingeschlagen / Vorderende des rechten / ...gestellnummer im

| | | | |
|---|---|---|---|
| 1 | Art des Kraftfahrzeugs*) | Lastwagen | 10 |
| 2 | Fahrgestell a) Hersteller und Typ | Daimler-Benz AG. Gaggenau LG 315/46 | 0009 004 |
| | b) Fahrgestellnummer | 304 414-9500584 | |
| | c) Baujahr | 1959 | |
| | Antriebsmaschine a) Hersteller | Daimler-Benz AG. Gaggenau | 0009 |
| | Typ und Motornummer*) | OM 315V 315 977-9500949 | |
| | b) Art*) | Verbrennungsmaschine | 01/02 |
| | c) Kraftstoff*) | Diesel u. Vergaserkraftstoffe | |
| | Zahl der Flaschenanschlüsse | | |
| | d) Kurzleistung (außer bei Elektromotoren) | 145 PS bei 2100 U/min | |
| | Stundenleistung (bei Elektromotoren) | kW | |
| | e) Hubraum | 8276 cm³ | |
| 4 | Aufbau a) Hersteller | Daimler-Benz AG. Gaggenau | |
| | b) Art*) | offener Kasten mit Plane u. Spriegel | 04 |
| | c) Zahl der Plätze | Sitzplätze (einschl. Fahrerplatz): 3; davon Notsitze: ; Stehplätze: –; Liegeplätze: – | |
| | d) Laderaum | Länge: 5000 mm, Breite: 2350 mm; Höhe: 500 mm | |
| | e) Fassungsvermögen (bei Kesselwagen) | m³ | |
| 5 | Gewichte a) Leergewicht | 7330 kg, Eigen-(Steuer-)Gewicht*): – kg | |
| | b) Nutzlast (bei Fahrzeugen mit Güterladeraum) | 5120 kg | |
| | Auflagelast (bei Sattelzugmaschinen) | kg | |
| | c) Zulässiges Gesamtgewicht | 12850 kg | |
| | d) Zulässige Achslast | vorn: 5250 kg, mitten: – kg, hinten: 7000 kg | |
| 6 | Fahrwerk a) Art | (1) Rad und / oder Gleisketten**) | |
| | b) Zahl der Räder (Zwillingsräder einfach gerechnet) ohne Ersatzräder: | 4 | |
| | c) Zahl der angetriebenen Achsen | 2 | |
| | d) Radstand (nur bei Lkw und Kom) | 4600 | |
| | e) Art der Bereifung | vorn (einfach – doppelt): Luft – Elastik – Eisen**); mitten (einfach – doppelt): Luft – Elastik – Eisen; hinten (einfach – doppelt): Luft – Elastik – Eisen | |
| | f) Mindestgröße — bei Zugmaschinen: zulässige Größen — der Bereifung | vorn: u. hinten: 14.00-20 geländ. | |
| 7 | Art der Betriebsbremse | mechanisch, Druckluft, Öldruck, Saugluft, elektrisch**) | |
| 8 | Anhängerkupplung | ja/nein**) Typ; Prüfzeichen | |
| | Zulässige Anhängelast | Anhänger mit Bremse 10000 kg; Anhänger ohne Bremse 3000/1500 kg | |
| | ...chstgeschwindigkeit | 70 km/Std. | |
| | ...uschentwicklung | Standgeräusch 85 phon; Fahrgeräusch 84 phon | |

Links: Der Kfz-Brief des LG 315.

Noch viel zu tun: Der LG 315 im Originalzustand, wie er aus den Beständen der Bundeswehr kam.

**Die beiden LG 315 wurden in leicht unterschiedlichen Farbtönen gestaltet. Einer erhielt eine weiße Lackierung (oben), ein anderer einen beige- braunen Farbton.**

minimiert werden mussten. Um im Pannenfall oder beim Festfahren im Sand nicht allein auf fremde Hilfe angewiesen zu sein, entschieden wir, das »Abenteuer Afrika« mit zwei Fahrzeugen anzugehen. Die Anforderungen an diese waren, dass sie zwar geländegängig, aber auch geräumig sein mussten, um Ersatzteile und weiteres Equipment mitnehmen zu können.

Über die »VEBEG« (Verwertungsgesellschaft für besatzungseigene Güter) erwarben wir aus Bundeswehrbeständen zwei Daimler-Lkw des Typs LG 315. Der Kauf dieser zwei Fahrzeuge gestaltete sich jedoch nicht gerade einfach. Die bei der VEBEG angebotenen Artikel werden gegen Höchstgebot verkauft – die Offerten der Mitbieter sind nicht bekannt. Diese sogenannten verdeckten Angebote werden heutzutage online eingegeben, damals war nur der schriftliche Weg möglich. Es ist dann auch wirklich Glückssache, ob man den Zuschlag erhält. Und so fieberten wir dem angesetzten Schlusstermin für die Angebote entgegen, um dann tatsächlich die freudige Mitteilung zu erhalten, dass wir die glücklichen Gewinner und stolze Besitzer zweier Lkw waren. Bei unseren beiden LG 315 handelte es sich um zweiachsige Pritschenwagen mit Planenaufbauten aus den Jahren 1959 (s. Kfz-Brief) und 1963 mit angetriebener Hinterachse und zuschaltbarer Vorderachse.

Die weiteren Anschaffungen waren ein kompletter Ersatzmotor, Dichtungssätze und Ersatzreifen. Vervollständigt wurde unser Equipment durch Wasserbehälter und Ölfässer, Matratzen, Campingkocher und Gasflaschen, Campingstühle, Alukisten und viele weitere Ausrüstungsgegenstände. Platz auf einer Pritsche fand auch noch ein Peugeot 504, der zur damaligen Zeit ein begehrtes Kaufobjekt in Nordafrika war.

**Vor der Abfahrt fanden umfangreiche Wartungsarbeiten statt.**

Auf dem Gelände des elterlichen Kfz-Betriebs konnten wir die Fahrzeuge unterstellen. Dort führten wir auch die Wartungen durch und lackierten die Fahrzeuge um – die olivgrüne Farbe musste einem weißen und einem beige-braunen Anstrich weichen.

Sämtliche Materialien vom Ersatzmotor bis zum Campingkocher brachten wir im weißen Lkw unter, im beige-braunen war der Platz auf der Ladefläche für den Peugeot reserviert.

Nach der fast einjährigen Vorbereitungsphase war es dann im Januar 1981 endlich soweit: Das Reiseabenteuer Afrika konnte beginnen.
Unsere Routenplanung sah vor, dass wir über den Brenner nach Italien zum Fährhafen Genua fahren, um von dort mit der Autofähre nach Tunis überzusetzen. Angekommen in Tunis, sollte der weitere Routenverlauf mit dem Ziel Zentralafrikanischen Republik mithilfe der Michelin-Straßenkarten exakt geplant werden.

Schon die Anfahrt nach Österreich gestaltete sich schwierig. Der Januar 1981 war bitterkalt und schneereich. Während uns die schneebedeckten Straßen vor keine Probleme stellten, im Zweifelsfall hatten wir ja immer noch den zuschaltbaren Antrieb optional zur Verfügung, haderten wir sehr mit den niedrigen Temperaturen. Die Heizung verdiente ihren Namen nicht und zu allem Überfluss platzte der Heizungsschlauch im beige-braunen Lkw, sodass in diesem Fahrzeug nur noch frostige Luft ausströmte. Wie froh waren wir, als wir den Brenner überquert hatten und von deutlich höheren Temperaturen in Italien empfangen wurden!

Von Tunis führte uns die Route weiter nach Algerien. Dort füllten wir unsere Ölfässer mit billigem Diesel-Kraftstoff. Mit diesem Kraftstoffvorrat waren wir bis zum Ende der Reise autark und nicht auf Tankstationen angewiesen.
Wir durchquerten die Sahara mit ihren Dünenlandschaften, fuhren über Wellblechpisten und weiche Sandpisten. Ein tiefes Sandfeld bremste einmal

**Der weiße 315 diente als Material-Lkw, der beige-braune als »Autotransporter« für den Peugeot.**

den vorausfahrenden Lkw abrupt ab, die Räder wühlten sich ein und jetzt war Schaufeln angesagt. Nachdem wir die Räder freigeschaufelt und Sandbleche unterlegt hatten, konnte die Fahrt fortgesetzt werden.

Südlich von Tamanrasset, noch vor dem Grenzübertritt in den Niger, hatten wir dann die lang befürchtete Panne. Seit Tagen verlor unser beige-braunes Reisemobil Öl und bei einem Zwischenstopp bemerkten wir unter dem Motor eine größere Öllache. An eine Weiterfahrt war nicht mehr zu denken. Da uns schon im Vorfeld bekannt war, dass die Zylinderkopfdichtungen eine Schwachstelle am Motor des LG 315 darstellten, waren wir uns sicher, dass diese der Übeltäter für den Ölverlust war. Wir hatten vorgesorgt und Ersatz-Kopfdichtungen mitgeführt.
Nun hieß es also, mitten in der Wüste Reparaturarbeiten am Motor durchzuführen: Zylinderkopf demontieren, eine neue Kopfdichtung einsetzen und den Zylinderkopf wieder montieren. Dabei musste man aber – einen Drehmomentschlüssel hatten wir leider nicht zur Hand – die Zylinderkopfschrauben in der richtigen Reihenfolge und insbesondere mit

viel Gefühl festziehen.
Gespannt waren wir, ob die Reparatur erfolgreich war und die darauffolgenden Tage warfen wir immer wieder bange Blicke unter den Motor, ob sich nicht Ölflecken bildeten. Aber der Motor blieb trocken – bis zum Ende unserer Reise.

Ohne weitere größere technische Probleme verlief die Weiterfahrt durch den Niger, Nigeria, Kamerun und schließlich bis zu unserem Zielort Bangui, der Hauptstadt der Zentralafrikanischen Republik.
Noch heute zehre ich von den Reiseeindrücken: der unendlich weiten Wüste mit Dünen und bizarren Felsformationen im Norden Afrikas bis zum tropischen Regenwald in Höhe des Äquators.
Nach rund 7.000 Kilometern reiner Fahrstrecke erreichten wir unseren Zielort Bangui. Dort erhielten wir ein Kaufangebot für unsere beiden liebgewonnenen LG 315, das wir nicht ablehnen konnten.
Mit dem Erlös war die Heimkehr mit dem Flugzeug gesichert und wir verließen Afrika mit unvergesslichen Eindrücken, die uns ein Leben lang begleiten werden.

Mit dieser Reise wurden mir sowohl der Fahrzeugtyp Lkw als auch das Lkw-Fahren selbst vertraut. Und bis heute begleitet mich die Lkw-Technik auch beruflich. In den folgenden Kapiteln befasse ich mich nun mit den theoretischen Grundlagen des Allrad-Lkw-Fahrens, wobei der Schwerpunkt neben technischen Erläuterungen natürlich auch auf der Fahrpraxis liegen soll.

Der Ölverlust am Motor des braunen Lkw konnte behoben werden (oben), weiter ging es über eine »Wellblechpiste«.

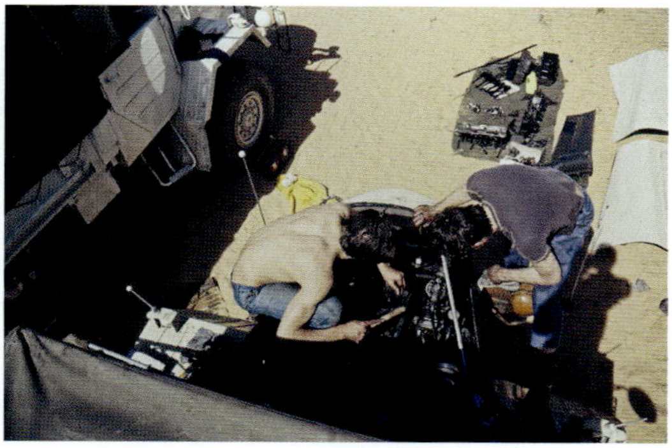

Oben: Reparaturarbeiten nach einem Ölverlust.

Rechts: Ein Leinen-Wassersack, hängend am Stoßfänger angebracht, sorgt für Kühlung im Fahrtwind durch das Verdunstungsprinzip.

Die beiden LG 315 unterwegs auf einer roten Sandpiste, irgendwo in Zentralafrika.

4146

# 1. Fahrzeugkategorien

## 1. Fahrzeugkategorien

Richten wir den Blick auf die schweren Lkw, so werden innerhalb dieser Kategorie jene Typen als Offroad-Fahrzeuge definiert, die ihre Arbeit hauptsächlich abseits der Straße im Gelände verrichten. Das sind in der Regel die Kipperfahrzeuge, die für den Einsatz im schweren Gelände mit Allradantrieb ausgestattet sind. Aber auch Schwertransporter, Betonmischer und auch Sattelzugmaschinen gehören dazu.

Die Allradtechnik hat im Lkw-Bau eine lange Tradition. Schon die ersten Langhauber-Fahrzeuge bei Mercedes-Benz Anfang der 1950er-Jahre waren mit Allradantrieb ausgestattet, allerdings war dieser nur zuschaltbar und noch ohne Längssperre zwischen den Achsen. Bei Mercedes wurden die Lang- und späteren Kurzhauber ab 1973 von der »Neuen Generation« mit dem heute noch typischen Frontlenker-Fahrerhaus abgelöst. Die Fahrzeuge der NG 73 und die der einige Jahre später modifizierte NG 80-Baureihe besaßen in der Allradversion den permanenten Allradantrieb. Dieser permanente Allradantrieb ist auch bei den Nachfolgetypen bis zum Actros zu finden. Erst beim heutigen Arocs wird alternativ wieder ein zuschaltbarer Antrieb angeboten.

Auch bei den Fahrzeugen anderer Hersteller findet sich der permanente Allradantrieb:

Bei MAN sind dies die schweren Modelle der TGA-Baureihe und ab 2007 die TGX und TGS-Baureihen. Scania bietet seine Kipperfahrzeuge in der XT-Baurei-

**Dreiachskipper, Vierachskipper und Zweiachskipper aus der Daimler-Truck-Familie.**

he an, während Volvo die schweren Fahrzeuge in der FMX-Baureihe ansiedelt.
In der »Trakker«-Familie sind bei Iveco die Kipperfahrzeuge bekannt geworden. Doch auch die Trakker-Baureihe hat ihre Nachfolger in der X-Way Baureihe und für den schweren Offroad-Einsatz in der T-Way Baureihe gefunden.
Die unter dem Modellnamen Arocs subsumierte Lkw-Familie der »Schweren Klasse« wird bei Daimler durch das Baumuster 964 kategorisiert.

Allrad-Lkw sind in der Zwischenzeit längst nicht mehr nur bei professionellen Nutzern wie der Bau- oder Rohstoffindustrie im Einsatz, sie finden im Freizeitbereich auch als Reisemobile Verwendung.
Nachfolgend werde ich mich dennoch schwerpunktmäßig auf die traditionellste Bauform von Allrad-Lkw konzentrieren, sprich: Kipper mit festen Aufbauten. Zum besseren Verständnis noch einige weitere Ausführungen: Diese werden unterschieden in Dreiseitenkipper, Hinterkipper und Muldenkipper. Während beim Dreiseitenkipper die Kippbrücke nach hinten und zur Seite geschwenkt werden kann, können die beiden anderen Aufbauten nur nach hinten abkippen.
Der Unterschied zwischen diesen beiden Aufbauarten liegt in der Heckklappe begründet, die beim Muldenkipper fehlt. Der Einsatz des Muldenkippers erfolgt in der Regel in Steinbrüchen zum Transport von größeren Steinbrocken.

SCANIA
G450
XT
AJE 627

# 2. Die Antriebs-Formel

## 2. Die Antriebsformel

Generell unterscheiden wir im Folgenden zwischen Nicht-Allrad- und Allradfahrzeugen.

**Nicht-Allradfahrzeuge:**

Antriebsformel: 4x2, 6x2 und 6x4, 8x2 und 8x4

**Allradfahrzeuge:**

Antriebsformel: 4x4, 6x6 sowie 8x6 und 8x8. Dabei wird nicht unterschieden, ob die Vorderachse zugeschaltet wird oder permanent angetrieben ist.

Beim 8x6 gibt es Unterschiede je nachdem, welche der beiden Vorderachsen angetrieben ist. Beim Actros (aber auch schon bei der SK-Baureihe) wird dabei die erste Vorderachse angetrieben. Beim Wettbewerber MAN dagegen erfolgt der An trieb über die zweite Vorderachse. Auf die Vor- und Nachteile der beiden Systeme wird im Kapitel 14.5 näher eingegangen.

Eine Sonderstellung nimmt die Zuschaltung der Vorderachse durch einen hydraulischen Antrieb ein, den MAN unter der Bezeichnung Hydrodrive zum ersten Mal auf den Markt brachte. Mercedes folgte dieser Entwicklung mit einer eigenen Auslegung unter der Bezeichnung HAD (Hydraulic Auxiliary Drive). Mittlerweile bieten neben MAN und Mercedes auch die anderen Wettbewerber einen zuschaltbaren hydraulischen Vorderachsantrieb an.

## 2.1 Hydrodrive und HAD

Beide Systeme – Hydrodrive und HAD – arbeiten nach demselben Prinzip:

Eine Hydraulikpumpe, angeflanscht am motorseitigen Nebenantrieb, schickt einen Volumenstrom über ein Rohrleitungssystem und flexiblen Schlauchleitungen zu den beiden Radnabenmotoren an der Vorderachse. Beim HAD geschieht dies mit einem Pumpendruck von bis zu 450 bar. Die Radnabenmotoren setzen schließlich den hydraulischen Druck in Bewegungsenergie um, pro Rad kann beim HAD ein max. Drehmoment von 6250 Nm anliegen. Ausgelegt ist der HAD auf eine Dauerfahrgeschwindigkeit von 15 km/h, kurzfristig ist sogar eine Höchstgeschwindigkeit von 30 km/h möglich.
Sinnvoll ist der Einsatz eines HAD in Kippsattelfahrzeugen, die auf Baustellen unterwegs sind und dort Abschnitte mit sandigem oder matschigem Untergrund vorfinden, bei denen die Hinterräder beginnen durchzudrehen. In solchen Situationen ermöglicht eine kurzzeitige Zuschaltung der Vorderachse ein Durchkommen.

**4x2-Sattelschlepper mit HAD, am Radnabendeckel erkennbar. Dahinter verbirgt sich der Radnabenmotor. (Foto: Frank Stephan)**

Mit Hydrodrive ausgerüsteter MAN-Lkw, erkennbar am Radnabendeckel, wie beim Daimler-Pendant unten links.

Auch bei Abkippvorgängen ist der HAD hilfreich. Steht ein 4x2- oder 6x4-Sattelschlepper mit beladenem Auflieger auf losem Untergrund und kippt seine Ladung ab, so besteht die Gefahr, dass die Antriebsräder aufgrund der Hinterachsentlastung durchdrehen. Wird die Vorderachse nun zugeschaltet, kann der Sattelzug sich aus dieser misslichen Lage befreien.

Ist in Abhängigkeit des Einsatzspektrums eine angetriebene Vorderachse nur sporadisch vonnöten, so ist die hydraulische Zuschaltung der Vorderachse durchaus eine überlegenswerte Alternative. Nicht unterschlagen werden darf dabei auch der Gewichtsvorteil von bis zu 500 Kilogramm gegenüber einer permanent angetriebenen Vorderachse. Da ich mich in diesem Buch der Allrad-Technik dem Offroad-Einsatz widme und die hydraulischen Antriebe nur für einen gelegentlichen Einsatz gedacht sind, wird auf diese Systeme in den weiteren Kapiteln nicht mehr eingegangen.

Hydraulikpumpe am motorseitigen Nebenabtrieb angeflanscht. (Foto: Frank Stephan)

## 2.2 Unterschied zwischen Allrad und Nicht-Allrad

Was unterscheidet den Allrad von einem Nicht-Allrad? Zuallererst muss hier das Verteilergetriebe genannt werden. Es beeinflusst entscheidend das Traktionsverhalten.

Hydraulikleitungen am Radnabenmotor.

Beim Nicht-Allrad wird das vom Motor erzeugte Moment über das Getriebe an die Hinterachsen abgegeben, die für den Antrieb verantwortlich sind. Beim Zweiachser wird das Moment an die eine Hinterachse, gleichmäßig auf die linke und rechte Seite verteilt, abgegeben. Bei den Drei- und Vier-

Hydraulikleitungen führen zum Radnabenmotor an der Vorderachse. (Foto: Frank Stephan)

Arocs-4x2-Sattelzug: Hinterachsen haben sich im tiefen Sand eingegraben. Durch Zuschalten der Vorderachse ergibt sich der notwendige Traktionsgewinn für die Weiterfahrt. (Foto: Michael Wulf)

Ein Kipptaster (Pfeil) dient in Mercedes-Allradlern zur Betätigung des für das HAD. (Foto: Frank Stephan)

achsern, also beim 6x4 und 8x4, wird das Antriebsmoment auf die beiden Hinterachsen, das Tandem-Aggregat, gleichmäßig verteilt.

### Unterschiede beim Allrad-Fahrzeug

Hier spielt das Verteilergetriebe die entscheidende Rolle: Im Verteilergetriebe wird das vom Getriebe kommende Moment nicht nur an die Hinterachse(n), sondern auch an die Vorderachse weiter gegeben. Ein Planetensatz sorgt dafür, dass das Moment in einem ganz bestimmten Verhältnis auf Vorder- und Hinterachse(n) verteilt wird.

**Für den Momentenaufbau gilt der Grundsatz: Es kann nur soviel an Zugkraft übertragen werden, wie die Räder in der Lage sind, diese Kraft auf den Boden zu bringen in Abhängigkeit der Haftreibungszahl und der dynamischen Achslast**.

Das bedeutet, die Kraftübertragung steht in direkter Beziehung zur Achslast bzw. zur Gewichtsverteilung der Achsen. Dieses Wissen, übertragbare Zugkraft ist abhängig von den vorhandenen Achslasten, war ausschlaggebend für die Momentenauslegung im Verteilergetriebe.

Neben der Momentenverteilung kann im Verteilergetriebe das Drehmoment auch noch um ein Vielfaches gesteigert werden. Durch diese Momentensteigerung erreicht das Fahrzeug eine spürbare Erhöhung der Steigfähigkeit. Der Fahrer merkt dies zuerst einmal daran, dass in jedem Gang die Geschwindigkeit um diesen Faktor reduziert, gleichzeitig das Moment aber erhöht wird. Dies kommt ihm beim Befahren von Steigungen und Gefällen sehr zu Gute.

Im kleinsten Gang kann er so mit guten Zugkraftreserven den Hang hochziehen, ohne je das Gefühl zu haben, dass bei der geringsten Gaswegnahme der Motor abstirbt.
Und im Gefälle kann der Fahrer schön dosiert mit Motorbremse oder Retarder das Fahrzeug nach unten dirigieren, sodass nie die Gefahr besteht, das Fahrzeug könne beschleunigen und sich aufschaukeln.

Welcher weitere Unterschied besteht – außer dem Verteilergetriebe – zwischen den beiden Systemen Allrad und Nicht-Allrad? Zu nennen wäre hier in allererster Linie die Allrad-Vorderachse.

Durch den geraden Vorderachskörper der Allrad-Vorderachse steht das Fahrzeug generell höher. Dadurch ergeben sich größere Bodenfreiheiten. Dies bedeutet einen größeren Schutz für die achsführenden Teile im unwegsamen Gelände.

In der Tragfähigkeit bestehen wiederum keine Unterschiede zwischen Allrad- und Nicht-Allrad-Fahrzeugen. Bei Ausnutzung der maximal möglichen Belastbarkeit von Achsen und Federung können bei der Überladungsfähigkeit der einzelnen Achskonfigurationen folgende Gesamtgewichte erreicht werden:

**Zweiachskipper : bis 25 t**
**Dreiachskipper : bis 45 t**
**Vierachskipper : bis 56 t**

Kipper mit solch hohen Tonnagen werden planmäßig nur abseits der Straße eingesetzt, wie beispielsweise im Steinbruch. Aufgrund der harten Federauslegung ist der Fahrkomfort im leeren Zustand äußerst bescheiden.

Was jetzt noch fehlt ist die Verwindungsfähigkeit, da müsste das Allradfahrzeug doch auch deutliche Vorteile besitzen.
Richtig ist, dass wir von einem Allradkipper eine höhere Verwindungsfähigkeit verlangen als von einem Nicht-Allrad. So muss ein 6x6-Kipper etwa Hindernisse von 500 Millimeter und dazu noch

Die Allrad-Vorderachsen an einem 8x8-Kipper aus dem Hause Mercedes-Benz.

Ein Actros 8x8-Allradkipper des Typs 4140 im Steinbruch. Er gehörte zur 1996 eingeführten ersten Generation der Baureihenfamilie (Foto: Daimler Archiv).

**Eindrucksvoll demonstriert dieser dreiachsige Allradkipper der SK-Reihe auf dem Sauberg, wie 500 Millimeter diagonale Verwindung in der Praxis aussehen.**

diagonal versetzt überwinden können, ohne dass dadurch Schäden an Chassis und Aufbau verursacht werden.

Um der größeren Anforderung an die Verwindungshöhe gerecht zu werden, wird der Allrad so konzipiert, dass Anbauteile einen größeren Abstand zum Boden aufweisen sowie die achsseitig angeordneten Elemente größere Freigänge zu Rahmen und Aufbau besitzen. Bei einem 6x4-Kipper dagegen beträgt die geforderte Hindernishöhe nur 300 Millimeter.

Nach unserer Philosophie muss ein Rahmen biegesteif, aber auch torsionsweich sein. Diese Rahmenphilosophie trifft nun sowohl auf den Allrad als auch auf den Nicht-Allrad zu. Konkret heißt dies, dass wir in der Rahmenauslegung keinen Unterschied zwischen den beiden Systemvarianten machen: Allrad- und Nicht-Allradfahrzeuge haben – gleiche Gewichtsvariante und Blattfederung vorausgesetzt – denselben Rahmen.

### Federung

Beim Federungskonzept wird zwischen Luft- und Stahlfederung unterschieden. Und hier gibt es

tatsächlich einen Unterschied zwischen den Allrad- und den Nicht-Allrad-Kipperfahrzeugen. Mit Einführung des Arocs kann an den Hinterachsen zwischen Luft- und Stahlfederung gewählt werden. Dies gilt allerdings nur bei den Kippern ohne Allradantrieb.
Wird der Kipper hauptsächlich auf der Straße eingesetzt, dann haben die luftgefederten Hinterachsen aus Komfortgründen durchaus ihre Berechtigung. Mit der Luftfederung einher geht ein verändertes Rahmenkonzept mit einer breiteren Rahmenspur.

Bei den Allradkippern sind immer Blattfedern verbaut. Luftgefederte Vorderachsen werden im Kippersegment nicht angeboten.
Eine weitere Unterscheidung gibt es noch beim Arocs in der Auslegung des Federungskonzepts an den Vorderachsen der Vierachsfahrzeuge.
Waren beim Vorgängermodell Actros alle Vierachsfahrzeuge mit einem Achslastausgleich zwischen den beiden Vorderachsen versehen, der auf beide Vorderachsfederungen einwirkt, so besitzen beim Arocs nur die Allradfahrzeuge diesen Vorderachs-Lastausgleich.
Beim 8x4-Arocs sind die Vorderfedern an der ersten und der zweiten Vorderachse unabhängig voneinander aufgehängt.
Da der Vorderachs-Lastausgleich ein Alleinstellungsmerkmal unter den Wettbewerbs-Vierachskippern besitzt – sehen wir mal vom DAF-Vierachskipper ab – lohnt es sich, dieses Konzept näher zu betrachten.

**Blick auf die Luftfederung an der Hinterachse des Actros. (Foto: Daimler Archiv)**

# 3. Der Vorderachs-Lastausgleich bei den Vierachs-Allradkippern

AROCS
4151

## 3. Der Vorderachs-Lastausgleich (VA) bei Vierachs-Allradkippern

Bei allen namhaften Lkw-Herstellern ist es schon lange Zeit gängige Praxis, dass bei mehrachsigen Fahrzeugen an den Tandem-Hinterachsen die gleichen Lastanteile vorliegen, auch beim Überfahren von größeren Höckern und Unebenheiten. Dadurch wird auch bei hügeligen Bodenformationen eine gute Bodenhaftung gewährleistet.

Diese Ausgleichswirkung basiert bei der Blattfederung auf dem Waagebalken-Prinzip. Die Hinterachsfedern liegen mit ihren Federenden auf der ersten und zweiten Hinterachse auf und sind rahmenseitig auf der sogenannten Mittellagerung pendelnd mittig gelagert (siehe nachfolgende Bilder).

Bei Einleitung von Vertikalkräften federn die Achsen um die Mittellagerung ein oder aus.

Die Trapezfederung ist mittlerweile bei nahezu allen Lkw-Herstellern durch die deutlich leichtere Parabelfederung abgelöst worden. Bei einigen Wettbewerbern wird die Trapezfederung jedoch noch in Export-Fahrzeugen verbaut.

Das Waagebalken-Prinzip konnte nun aber aufgrund der breiteren Rahmenspur im Vorderachsbereich bei der Vorderachs-Federung nicht umgesetzt werden. Die konstruktive Herausforderung bestand also darin, den Vorteil gleicher Achslastanteile und damit einer besseren Traktionsfähigkeit auch an den Vorderachsen zu realisieren. Die Lösung fand sich im No-Hop-Prinzip (siehe Abbildung), das bei Daimler in den 1960er-Jahren schon einmal angewandt worden war, sich aber zunächst nicht durchsetzen konnte.

### No-Hop-Prinzip / Vorderachs-Ausgleich

Überfährt die erste Vorderachse ein Hindernis, so federt die Achse ein, die Achslast erhöht sich. Gleichzeitig federt jedoch die zweite Vorderachse aus, die Achslast und damit auch die Traktion verringern sich.

Der VA-Ausgleich bewirkt aber in diesem Fall, dass auch die zweite Vorderachse belastet wird, die Traktionsfähigkeit bleibt somit erhalten. Beide Vorderachsen haben also nach wie vor eine gleichmäßige Achslastverteilung, die bis zu einer Hindernishöhe von +/- 50 Millimetern wirksam ist.

Im Vergleich zu den Fahrzeugen anderer Hersteller trägt bei den Lkw von Daimler Truck der Vorderachs-Lastausgleich somit zu einer höheren Traktionsfähigkeit bei.

Die nachfolgenden Bilder zeigen den No-Hop-Aus-

Trapezfederung bei einem Fahrgestell von Iveco.

Parabelfederung bei einem Lkw aus dem Hause Scania.

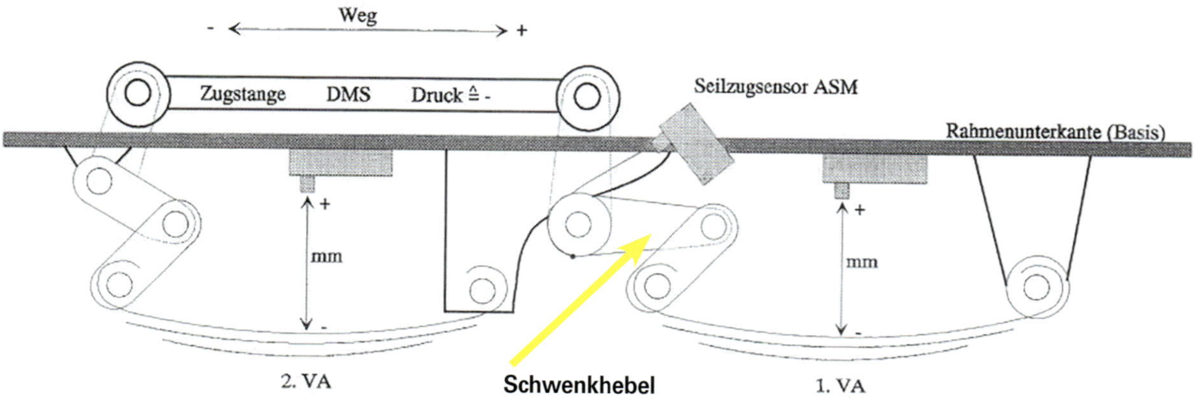


Prinzip-Skizze für No-Hop-Prinzip und Vorderachs-Ausgleich

Vorderachs-Lastausgleich im No-Hop-System: Herzstück ist die Zugstange (1), die auf der Rahmeninnenseite verläuft. Die Zugstange ist in einem vorderen (2) und einem hinteren Schwenkhebel gelagert.

gleich im eingebauten Zustand. Das Funktionsprinzip lautet wie folgt: Beide Vorderfedern haben mit ihren vorderen Federaugen im rahmenseitigen Federbock eine feste Lagerung. Die hinteren Federaugen sind über eine Federlasche (3) beweglich im hinteren Federbock gelagert bzw. im No-Hop-Fall im Schwenkhebel (2).

Bei Einfederung der ersten Vorderachse wird die eingeleitete Kraft über die Federlasche am hinteren Auge der ersten Vorderfeder an den Schwenkhebel weitergegeben. Dieser schwenkt nach oben und zieht die darunter liegende Zugstange in Fahrtrichtung nach vorn.

Dadurch werden der hintere Schwenkhebel und die hintere Federlasche nach unten gezogen, die zweite Vorderfeder (4) wird belastet. Die durch die Einfederung eingeleitete Kraft wird somit im Verhältnis 1:1 auf die erste und zweite Vorderachse gleichmäßig verteilt.

Diese gleichmäßige Verteilung bleibt so lange bestehen, wie der Schwenkhebel sich frei bewegen kann. Werden die Hindernishöhen und damit die

Einfederungen größer, so legt sich der Schwenkhebel an die Rahmenunterseite an. Ab diesem Zeitpunkt wird die erste Vorderachse belastet, die zweite Vorderachse dagegen entlastet.
Das Besondere an diesem No-Hop-System besteht im Übrigen darin, dass die Zugstange immer nur auf Zug beansprucht wird. Somit wird der bei Druckkräften bestehenden Gefahr einer Knickung vorgebeugt.
Im Gegensatz dazu werden hier auch zwei Bilder von der Vorderachsfederung bei den 8x4-Fahrzeugen der Mercedes-Benz-Baureihe Arocs gezeigt. Beide Vorderfedern arbeiten unabhängig voneinander.
Neben dem Vorderachslastausgleich spielt für das Traktionsverhalten auch der Abstand zwischen den beiden Vorderachsen eine entscheidende Rolle. Je kürzer der Radstand, desto besser ist das Traktionsverhalten. Oder anders ausgedrückt: Je größer der Radstand, desto länger hängt beim Überfahren einer Kuppe die erste Vorderachse in der Luft und verliert so an Traktion. Des Weiteren wird die zweite Vorderachse durch die überhängende erste Vorderachse übermäßig stark belastet.
Der Arocs-Allrad weist einen Radstand von 1750 Millimetern auf. Bei den Wettbewerbsfahrzeugen beträgt der Radstand von der ersten zur zweiten Vorderachse zwischen 1800 Millimetern (MAN) und 1940 Millimetern (Scania). Dazwischen liegt Iveco mit 1875 Millimetern.

**Hinterer Schwenkhebel an zweiter Vorderfeder (1). Bei starker Einfederung legt sich der Gummianschlag (2) an die Rahmenunterseite (3) an. Auf der innenliegenden Seite ist die Zugstange (4) zu sehen.**

Federlasche (1) am hinteren Aufhängungspunkt der ersten Vorderfeder. Pfeil zeigt auf vordere Federaugenlagerung der zweiten Vorderfeder (2).

Federlasche (1) an hinterer Federaufhängung der zweiten Vorderfeder (2).

Actros-8x8-Allradkipper im Verwindungsgelände – der Vorderachslastausgleich ist wirksam. Trotz stark eingefederter zweiter Vorderachse haftet die erste Vorderachse noch am Boden und hat genügend Traktion.
(Foto: Daimler Truck)

# 4. Das Verteilergetriebe

SCANIA
OFF ROAD
G 440
DAUTEL

## 4. Das Verteilergetriebe (VG)

In diesem Kapitel gehen wir nun näher auf das Verteilergetriebe ein, jenes Bauteil, das geradezu sinnbildlich für den Allrad steht und dafür verantwortlich ist, dass Hinterachse(n) und Vorderachse(n) angetrieben werden.

Bei der damaligen Entwicklung des Verteilergetriebes lag der Focus für die Momentenverteilung auf den Zwei- und Dreiachsern (der Vierachser hatte damals noch keine Bedeutung).
Betrachtet man einen Zweiachs-Kipper mit 18 bis 20 Tonnen Gesamtgewicht und einer Achslastverteilung von 7,0 bis 7,5 Tonnen auf die Vorderachse und 11 bis 12,5 Tonnen auf die Hinterachse, so kommt man auf eine Achslastverteilung von 40 zu 60 (gerundete Werte).
Weil, wie schon oben erwähnt, die Zugkraft in Abhängigkeit zur Achslastverteilung steht, lautet beim Zweiachser die ideale Momentenverteilung 40 Prozent auf die Vorder- und 60 Prozent auf die Hinterachse. Beim Dreiachser lautet dasselbe ideale Verhältnis jedoch 25 Prozent auf die Vorder- und 75 Prozent auf die Hinterachsen.

Unstrittig war in den Konstruktionsabteilungen, dass ein Verteilergetriebe nicht für jeden Fahrzeugtyp individuell ausgelegt werden konnte.
Würde man nun das Zweiachser-Verhältnis zugrunde legen, so müssten auch beim Dreiachser 40 Prozent des Drehmoments auf die Vorderachse übertragen werden. Das hieße jedoch, dass das höhere Moment an der Vorderachse beim Dreiachser zu einem höheren Reifenverschleiß führen müsste, da ein unverhältnismäßig hoher Anteil der Motorleistung über diese abgesetzt wird.
Und für die Hinterachsen beim Dreiachser bedeutet dies, dass dort nur 60 Prozent der Leistung ankommen, obwohl dort eigentlich 75 Prozent abgesetzt werden könnten (und sollten). Bei einem voll ausgeladenen Fahrzeug würden die 60 Prozent an den Hinterachsen noch nicht einmal ausreichen, um das Fahrzeug überhaupt erst in Bewegung zu setzen.

Berücksichtigt man nun auch noch die Gewichtsverlagerung auf die Hinterachse(n) bei Bergfahrt, also in Situationen, in denen die dynamische Hinterachslast deutlich über der statischen Hinterachs-Last bei ebenstehendem Fahrzeug liegt, so lag es nahe, sich bei der Momentenauslegung auf ein Verhältnis ähnlich demjenigen des Dreiachsers zu konzentrieren.
Dies wurde dann bei Mercedes-Benz in den 1980er-Jahren bei der Entwicklung der SK-Baureihe (»Schwere Klasse«) umgesetzt, die schließlich 1988 in Singen (Hohentwiel) der Öffentlichkeit präsentiert wurde.

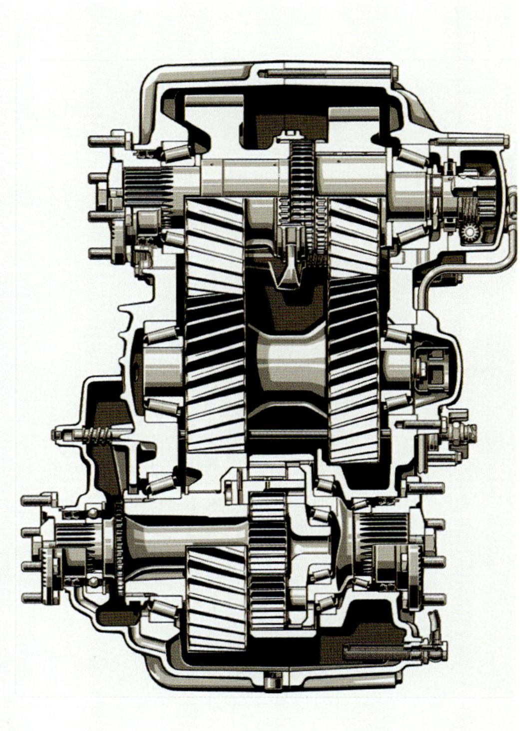

**Das Verteilergetriebe VG 2400 von Mercedes-Benz, verbaut in den schweren Drei- und Vierachsfahrzeugen der Actros-Baureihe. (Foto: Daimler Truck)**

Der 4x4-Allradkipper des Typs 1835 aus der Arocs-Reihe bei einer Pressevorführung. (Fotos: Daimler Truck)

Bei einem Dreiachskipper (hier Arocs-6x6-Allradkipper Typ 3345) mit Gesamtgewicht von 26 bis 33 Tonnen und Vorderachs-Lasten von 7,0 bis 8,0 Tonnen ergibt sich eine Achslastverteilung von etwa 25 zu 75.

## 4.1 Das VG im Actros

Die Momentenverteilung im Verteilergetriebe beträgt beim Actros, dem 1996 erstmals vorgestellten nachfolger der SK-Baureihe, 24 zu 76 oder anders ausgedrückt 1: 3,21.

**Das heißt also:**

Das im Verteilergetriebe ankommende Moment wird im Verhältnis 1: 3,21 auf die Vorder- und die Hinterachse verteilt – oder in Prozenten gerechnet: 24 Prozent erreichen die Vorder- und 76 Prozent erreichen die Hinterachse.

Stimmt dieses Verhältnis eigentlich auch für den Vierachser, der heute eine wesentliche Rolle im Bausegment einnimmt?
Gehen wir mal von einem 8x8-Kipper mit Gesamtgewichten zwischen 32 und 41 Tonnen und den sich daraus ergebenden Vorderachslasten von 14 bis 15 Tonnen aus. Grob gerundet kämen wir hier auf ein Achslastverhältnis von 40 zu 60, es läge also ganz ähnlich wie beim Zweiachser.
Anders jedoch der 8x6-Kipper: Hier beträgt das Achslastverhältnis der angetriebenen(!) Achsen etwa 20 zu 80 Prozent. Damit erreicht der 8x6 einen ähnlichen Wert wie der Dreiachser. Insofern liegen wir, unter Berücksichtigung der dynamischen Achslastverteilung in der Steigung auf die Hinterachsen, auch beim 8x8 mit der Momentenverteilung richtig.

Auch bei anderen Lkw-Herstellern hat sich diese Kraftverteilung in ähnlichen Zahlen durchgesetzt: Iveco beispielsweise bietet eine Verteilung 31: 69. MAN liegt in derselben Größenordnung. Lediglich Scania weicht mit einem gleichmäßigen Verhältnis von 50: 50 ab von diesen Zahlen ab.

Die Momentenverteilung 24 zu 76 erfolgt durch einen Planetensatz, der auf der Abtriebswelle im Verteilergetriebe angeordnet ist. Dieses Planeten-

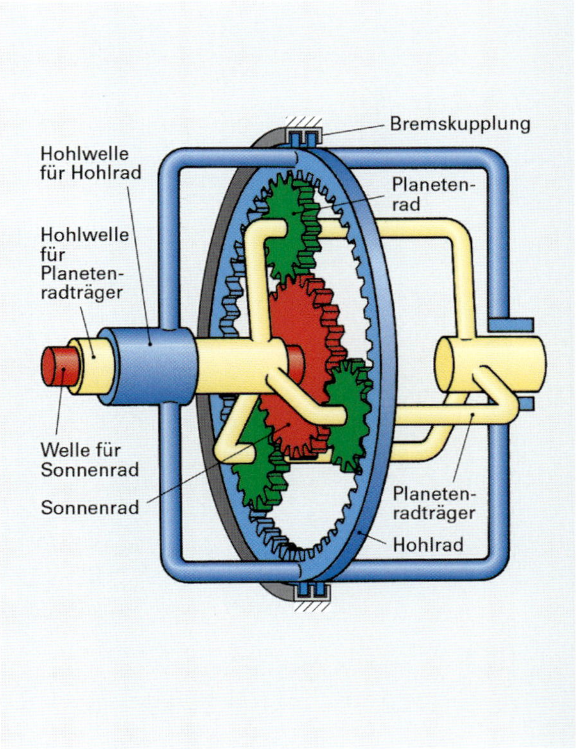


**Darstellung eines Planetengetriebes, Auszug aus: »Fachkunde Kraftfahrzeugtechnik«, Verlag Europa-Lehrmittel (31. Auflage 2019). Abdruck mit freundlicher Genehmigung.**

getriebe, das in der Lage ist, das Moment in unterschiedlichen Anteilen auf die vordere und hintere Antriebsachse zu verteilen, nennt man Stirnrad-Planetengetriebe.

Ein Planetenradsatz macht seinem poetischen Namen alle Ehre: Er besteht aus dem Sonnenrad, den Planetenrädern, die mit ihren Achsen im Planetenradträger gelagert sind, und dem Hohlrad. Die Planetenräder laufen nun außen im Hohlrad ab und innen auf dem Sonnenrad. Aufgrund der unterschiedlichen Geometrien zwischen Sonnenrad und Hohlrad sind nun verschiedene Übersetzungen möglich. Das Sonnenrad mit der kleineren Zähnezahl überträgt das Moment auf die Vorderachse, das Hohlrad mit der deutlich größeren Zähnezahl vermittelt ein um das Übersetzungsverhältnis gesteigertes Moment auf die Hinterachse. Durch eine

entsprechende Zähnezahl kann nun das Momentenverhältnis 1: 3,2 eingestellt werden. In unserem Fall müsste das Sonnenrad also 24 Zähne und das Hohlrad 76 Zähne aufweisen.
Eine vereinfachte Darstellung des Planetengetriebes ist nachfolgend zu sehen (Bild 23):

Zuvor haben wir bereits gelesen, dass im Verteilergetriebe nicht nur eine Momentenverteilung, sondern auch eine Momentensteigerung erfolgt. Das Verteilergetriebe besitzt einen sogenannten Straßen- und einen Geländegang. Beim Actros werden der Straßen- und der Geländegang vom Fahrer durch einen Drehschalter in der Brüstung betätigt (Bild 22).
Durch eine Schaltmuffe wird dabei das Gangrad dann auf Straßengang oder Geländegang geschaltet. Ersterer ist in der Ruhestellung stets standardmäßig eingelegt, beim Drehen des Schalters nach rechts kommt der Geländegang zum Einsatz. Zwischen Straßen- und Geländegang befindet sich noch die 0- oder Neutral-Stellung. In dieser Position ist der Kraftfluss im Verteilergetriebe unterbrochen, es stehen somit keine Vortriebskräfte zur Verfügung. Für den Fahrer hat die 0-Stellung einen gewissen Vorteil: Beim Schalten, etwa von Straße in Gelände, muss der Schalter zuerst in die 0-Position betätigt werden. Ein kurzes Verharren in dieser Position zeigt dem Fahrer, dass der Kraftfluss unterbrochen ist (trotz eingelegtem Gang bewegt sich das Fahrzeug nicht). Somit kann der Fahrer sich beim Weiterschalten sicher sein, dass der gewünschte Geländegang auch geschaltet ist.
In der Praxis kam es schon des Öfteren vor, dass bei Verspannungen im Triebwerk und schnellem Schalten von Straße in Gelände der gewünschte



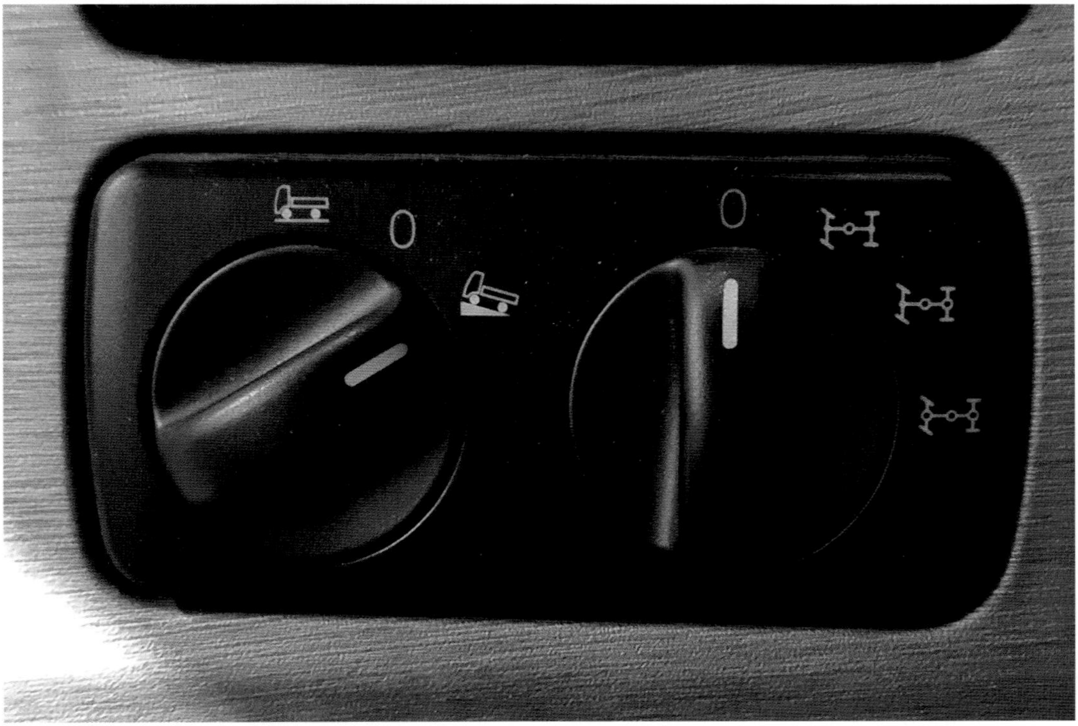


**Der linke Drehschalter betätigt das Verteilergetriebe: Das obere Symbol bezeichnet den Straßengang, auf der Zwei-Uhr-Position befindet sich der Geländegang (im Bild geschaltet) und dazwischen liegt die Neutral-Stellung (0). Rechts daneben ist der Schalter für die Differentialsperren zu sehen.**

Gang nicht geschaltet war. Der Schalter stand zwar auf der Geländestellung, trotzdem war der Straßengang noch eingelegt. Insofern hat die 0-Stellung durchaus ihre Berechtigung.
Beim Actros sind die beiden Verteilergetriebe VG 1700 und VG 2400 im Einsatz. Die Übersetzungsverhältnisse lauten:

| **Straßengang** | **Geländegang** |
|---|---|
| **VG 1700 1,0** | **1,403** |
| **VG 2400 1,03** | **1,448** |

Dies bedeutet, dass im Geländegang das Abtriebsmoment um mehr als 40 Prozent gesteigert werden kann. Hier liegt also der entscheidende Vorteil für eine höhere Traktions- und Steigfähigkeit begründet.

Bei bestimmten Getriebe- und Achskonfigurationen ist die Momentenerhöhung durch den Geländegang nicht erlaubt. In diesen Fällen kann das Verteilergetriebe auch in der Ein-Gang-Ausführung

Blick auf das Verteilergetriebe VG 2800 (1). Zu sehen die obenliegende Eingangswelle (2) vom Getriebe zum Verteilergetriebe, darunter die Ausgangswelle vom Verteilergetriebe zur Vorderachse (3). Am hinteren Ausgang des Getriebes VG 2800 ist die Gelenkwelle zur ersten Hinterachse (4) zu erkennen.

bestellt werden, dann ist nur der Straßengang verfügbar.

## 4.2 Das VG im Arocs

Der größte Unterschied der 2013 speziell für Offroad-Zwecke entwickelten Arocs-Baureihe zum Actros besteht darin, dass bei Daimler Truck in der Schweren Klasse (wie diese Lkw-Kategorie seit der legendären SK-Reihe genannt wird) nun zwei Verteilergetriebe unterschiedlicher Bauart zur Verfügung standen:

- VG 2800 : Funktion Permanenter Allradantrieb
- VG 3000 : Funktion Zuschaltbarer Allradantrieb

Das VG 2800 ist im Prinzip wie das VG 2400 aufgebaut, besitzt also einen Straßen- und einen Geländegang mit den gleichen Übersetzungsverhältnissen. In derselben Bauart ist für kleinere Eingangsmomente das VG 1600 verfügbar, welches aber nur beim 18-Tonnen-Allrad-Kipper und -Allrad- Pritsche mit dem kleinen Motor OM 936 verwendet wird.
Das Übersetzungsverhältnis des VG 2800 entspricht dem des VG 2400, während das kleinere VG 1600 zum vergleichbaren VG 1700 im Geländegang geringfügig abweicht.

| | Straßengang | Geländegang |
|---|---|---|
| VG 1600 | 1,037 | 1,417 |
| VG 2800 | 1,037 | 1,447 |

Eine Besonderheit weist das VG 1600 auf: die Momentenverteilung, also die Übersetzung im Planetensatz, ist nicht wie bisher 1: 3,21 sondern 1: 3,35. Somit wird die Hinterachse mit einem höheren Moment belastet.
Das VG 3000 hingegen baut kleiner, ist dadurch leichter und besitzt nur einen Gang- den Straßengang. Die Übersetzung beträgt nun 1,03.

Der Drehschalter zur Betätigung des VG 3000: In der ersten Stellung wird die Vorderachse zugeschaltet und damit gleichzeitig auch die Längssperre zwischen Vorderachse und Hinterachsen aktiviert. Mit den beiden nächsten Schalterstellungen werden wie beim VG 2400 die Quersperren eingelegt.

Bei Fahrzeugen, die das VG 2800 bzw. VG 1600 eingebaut haben, sind also alle Achsen angetrieben wie, dies auch schon beim Actros und der früheren SK-Baureihe der Fall war. Im Gegensatz dazu stehen Fahrzuge, die mit dem VG 3000 ausgerüstet

**Der Kippschalter zur Betätigung des Geländeganges im Getriebe des Typs VG 2800.**

Ein weiterer wesentlicher Unterschied zwischen dem VG 2800 und dem VG 3000 besteht darin, dass im VG 3000 kein Differential vorhanden ist, die Momentenverteilung ist im Allradfall also keinem festen Wert zugeordnet.
Beim VG 2800 übernimmt das Planetengetriebe die Differentialfunktion. Die Zuschaltung der VA beim VG 3000 erfolgt über eine Klauenkupplung. Damit sind dann beide Abtriebswellen zur Vorder- und zur Hinterachse fest verbunden, der Kraftfluss erfolgt zu beiden Achsen. Dieser Zustand entspricht heute einem Actros mit gesperrtem Längsdifferential (siehe auch Kapitel »Differentialsperren«).

Generell sind sämtliche Allradtypen mit beiden Verteilergetrieben lieferbar. Mit kleinen Einschränkungen in Abhängigkeit des Radstandes: Der 8x8 ist nur mit dem VG 2800 erhältlich, bei kurzen Radständen kann nur das VG 3000 gewählt werden.
Benötigt der Kunde also nur in Ausnahmefällen den Allradantrieb, etwa für Einsätze, bei denen der Lkw nach dem Abkippen auf losem Grund anfahren muss, so wird er sich für das VG 3000 entscheiden.
Im harten Geländeeinsatz (hohe Traktionsanforderungen, Überladungen) und mit nur wenigen Anteilen auf der öffentlichen Straße kann die Wahl eigentlich nur auf das VG 2800 fallen.
Neu beim VG 2800 ist, dass die oben beschriebene 0-Stellung zwischen Straßen- und Geländegang entfällt.

Der oben beschriebene Vorteil der sicheren Schaltung des gewünschten Zielganges nach dem 0-Durchgang wird beim Arocs nun dadurch erreicht, dass der Geländegang durch ein entsprechendes Symbol im Display angezeigt wird (beim Actros gibt es keine vergleichbare Anzeige). Damit entfällt natürlich auch die 0 auf dem Be-

wurden. Hier wird die Vorderachse vom Fahrer bei Bedarf zugeschaltet. Für den normalen Fahrbetrieb bedeutet dies also, dass nur die Hinterachse(n) angetrieben werden.

Ein dreiachsiger Kipper etwa wird damit also erst durch Zuschaltung der Vorderachse von einem 6x4 in ein 6x6-Allradkipper »umgewandelt«. Bei Fahrzeugen mit dem VG 3000 spricht man deshalb von einem Nicht-Permanenten-Allradantrieb.

dienschalter. Die Reduzierung auf zwei Wahlmöhlichkeiten wurde dazu genutzt, den bisherigen Drehschalter durch einen Kippschalter zu ersetzen.
Der Kippschalter ist in die Brüstung integriert und durch ein ähnliches Symbol wie beim Actros-Drehschalter gekennzeichnet. Die Grafik wurde lediglich um einen zusätzlichem Zahnkranz erweitert (siehe nebenstehendes Bild).

Der Entfall der 0- bzw. Neutralstellung wurde intern lange diskutiert. Als Argument für die Neutralstellung wurde auch aufgeführt, dass damit die Möglichkeit eines Nebenabtriebs bestünde. Dies ist in der Tat richtig, jedoch wurde diese Möglichkeit bereits beim Actros und der früheren SK-Baureihe nie umgesetzt.
Diskutiert wurde auch, ob beim Abschleppen auf den Ausbau der Gelenkwellen zur Vorderachse und zur ersten Hinterachse verzichtet werden könnte, wenn die 0-Stellung betätigt wird. Dann wäre aber die Ölversorgung im Verteilergetriebe nicht mehr gewährleistet. Insofern konnte dem Entfall der 0- Stellung zugestimmt werden.

*Hinweis: Die techn. Daten des VG 2800 und des VG 3000 sind im Anhang dieses Buches zu finden.*

Trucknology®
RoadShow
DemoTruck 235
MAN
M AN 9235

# 5. Das Differential

## 5. Das Differential

Um beispielsweise bei Kurvenfahrt für einen Drehzahlausgleich zwischen dem kurveninneren und dem kurvenäußeren Rad zu sorgen, sind Differentiale im Antrieb verbaut.
Neben dem Ausgleich der Drehzahlunterschiede zwischen dem linken und rechten Antriebsrad besteht eine weitere Aufgabe des Differentials darin, die Drehmomente gleichmäßig zu verteilen.

**Aufbau:**

Das mit der Gelenkwelle verbundene Antriebskegelrad treibt das große Tellerrad an, welches mit dem Differentialgehäuse verschraubt ist. Im Differentialgehäuse sind die Achsen der Ausgleichkegelräder drehbar gelagert. Diese wiederum stehen mit den Achswellenrädern im Eingriff, die die linke beziehungsweise rechte Achswelle (Steckwelle) antreiben.

## Wirkungsweise:

Das Differentialgetriebe ist so aufgebaut, dass das im Differential sitzende Ausgleichskegelrad als gleicharmiger Hebel wirkt, das bedeutet es wirken die gleichen Umfangskräfte auf die beiden Abtriebs- bzw. Achswellenräder. Man kann sich das wie bei einem Waagebalken vorstellen, bei dem die Ausgleichkegelräder das ankommende Moment zu gleichen Teilen auf die Achswellenräder verteilen.
Auch bei verschieden große Drehzahlen der Achswellenräder – etwa bei Kurvenfahrt – werden gleich große Drehmomente übertragen.
Die Größe des übertragenen Drehmoments wird dabei durch das Antriebsrad bestimmt, das die geringere Haftung mit der Fahrbahn hat.
Dies bedeutet aber auch, dass die positiven und negativen Drehzahlunterschiede gegenüber der mittleren Drehzahl gleich sein müssen. Hat also ein Abtriebsrad die Drehzahl Null, so muss das andere Abtriebsrad mit der doppelten der »normalen« Drehzahl (der Drehzahl des Ausgleichgehäuses) laufen.

## Funktion:

Bei Geradeausfahrt drehen sich beide Achswellenräder gleich schnell. Somit drehen sich die Ausgleichkegelräder nicht, sondern kreisen mit dem Ausgleichgehäuse. Sie wirken jetzt nicht als Zahnräder, sondern als Mitnehmer und übertragen die Antriebskraft zu gleichen Teilen auf die Achswellenräder.
Bei Kurvenfahrt dreht das Achswellenrad des kurveninneren Rades langsamer als das Ausgleichgehäuse, das Achswellenrad des kurvenäußeren Rades dagegen mit der gleichen Relativdrehzahl schneller. Dies wird durch die Ausgleichkegelräder ermöglicht, welche den Drehzahlunterschied zwischen dem linken und rechten Achswellenrad ausgleichen. Dabei drehen sich die Ausgleichkegelräder um ihre Achsen, die im Differentialgehäuse gelagert sind. Sie wälzen sich auf den sich verschieden schnell drehenden Achswellenrädern ab (siehe nebenstehende Grafik aus dem »Fachkunde Kraftfahrzeugtechnik«, Verlag Europa-Lehrmittel).
In der nachfolgenden Tabelle und mit der schematischen Darstellung der einzelnen Elemente können die Bewegungsverhältnisse von Tellerrad, linkem und rechtem Achswellenrad, Differential- oder Ausgleichgehäuse und Ausgleichkegelrädern gut nachvollzogen werden.

*Anmerkung: Die Abschnitte Aufbau und Funktion orientieren sich an dem Buch »Fachkunde Kraftfahrzeugtechnik« vom Verlag Europa- Lehrmittel übernommen, die Wirkungsweise aus dem »Handbuch der Kraftfahrzeugtechnik, Band 2« von Buschmann/Koessler und dem Buch »Das große Buch der Allradtechnik« von Jürgen Stockmar aus dem Motorbuch Verlag.*

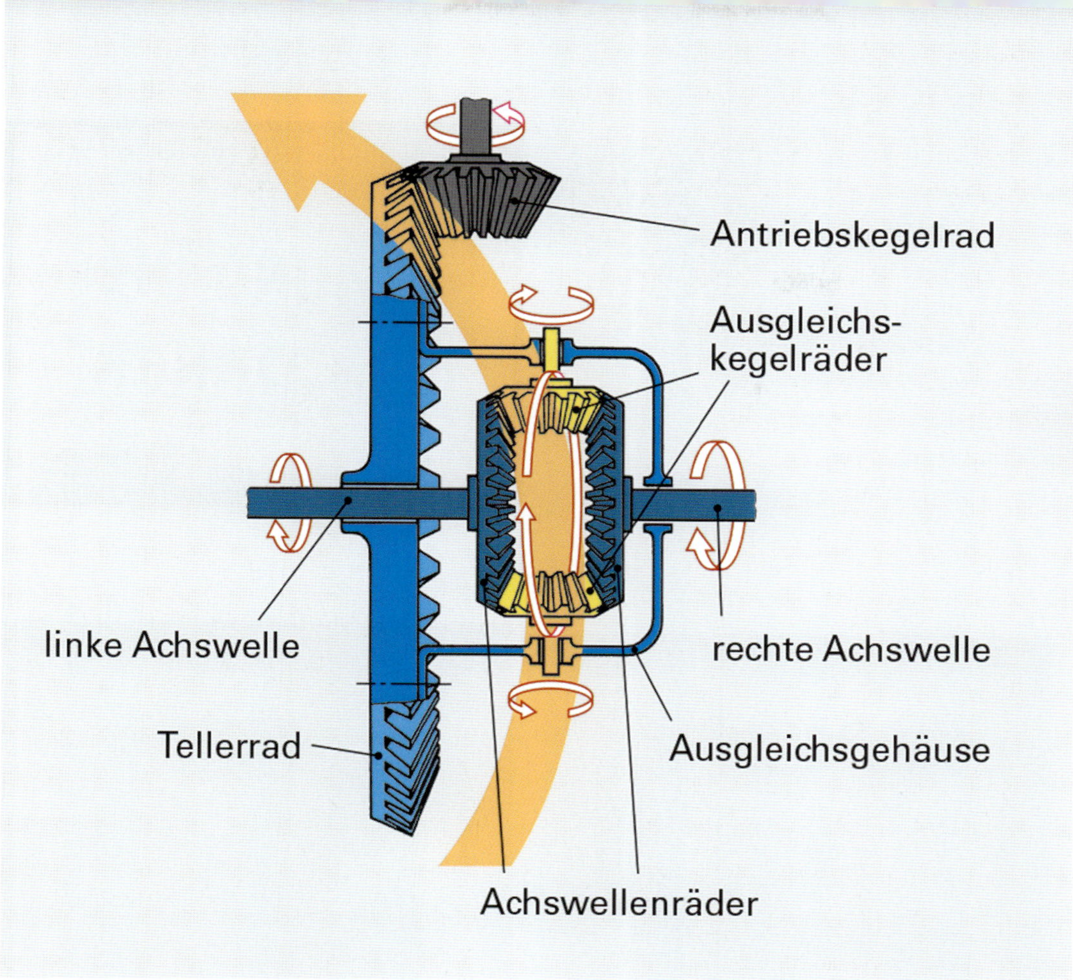


Differentialgetriebe, Drehrichtung der Wellen und Räder beim Befahren einer Linkskurve. Auszug aus: »Fachkunde Kraftfahrzeugtechnik«, Verlag Europa-Lehrmittel (31. Auflage 2019). Abdruck mit freundlicher Genehmigung (oben). Schnitt durch ein Differentialgetriebe (unten).

Auf Youtube gibt es einige gut gemacht Videos, die die Wirkungsweise des Differentials anschaulich erklären. Darunter ist auch ein sehr unterhaltsamer Streifen aus den 1930er-Jahren mit dem englischen Titel »Around the corner – How Differential Steering Works«.

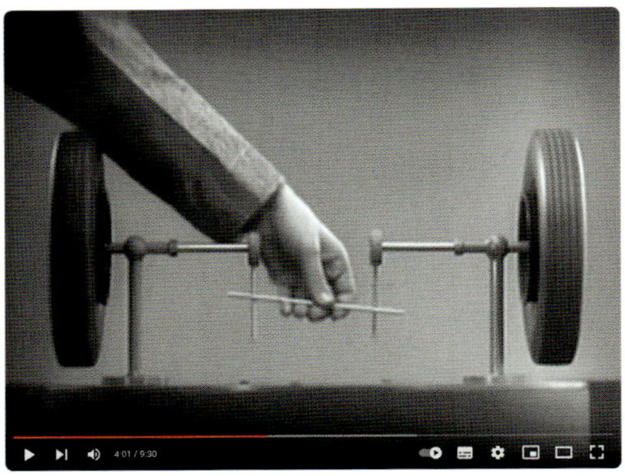

Around The Corner - How Differential Steering Works (1937)

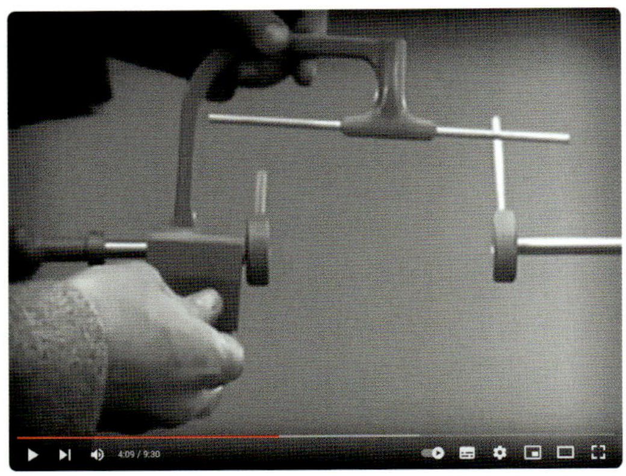

Around The Corner - How Differential Steering Works (1937)

| Bewegungsverhältnisse im Differentialgetriebe | | | | |
|---|---|---|---|---|
| Tellerrad | Ausgleichgehäuse | linkes Achswellenrad | Ausgleichkegelräder | rechtes Achswellenrad |
| 1 Umdrehung | 1 Umdrehung | 1 Umdrehung vorwärts | drehen sich nicht | 1 Umdrehung vorwärts |
| 1 Umdrehung | 1 Umdrehung | ½ Umdrehung vorwärts | drehen sich | 1 ½ Umdrehungen vorwärts |
| 1 Umdrehung | 1 Umdrehung | steht still | drehen sich | 2 Umdrehungen vorwärts |
| steht still | steht still | 1 Umdrehung vorwärts | drehen sich | 1 Umdrehung rückwärts |

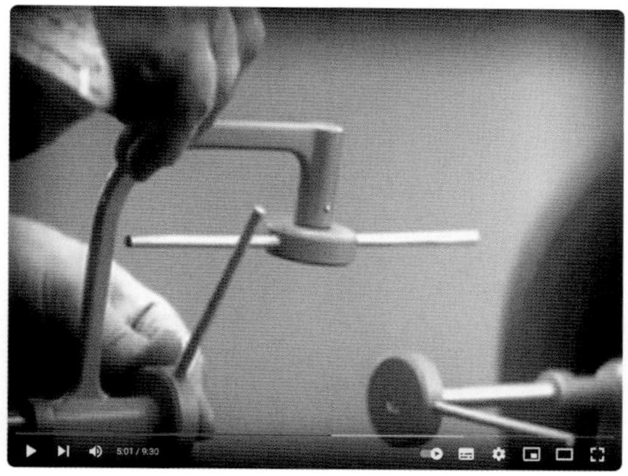

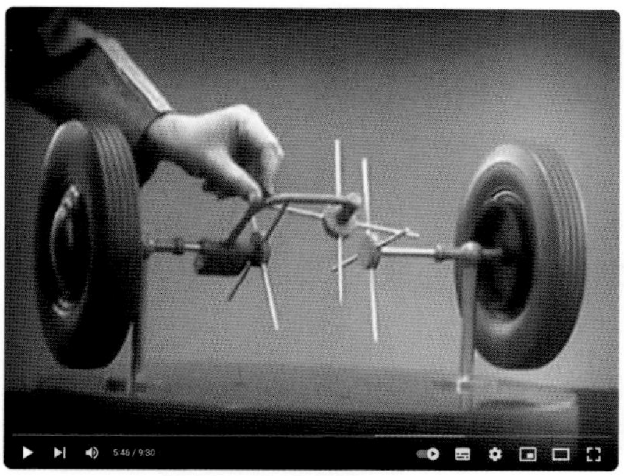

Around The Corner - How Differential Steering Works (1937)

Around The Corner - How Differential Steering Works (1937)

Einige Ausschnitte aus dem 1937 erschienenen, aber auch heute noch sehenswerten Lehrfilm »Around the corner – How Differential Steering Works« der Chrysler Motor Division.

# 6. Die Differential- sperren

MEILLER-KIPPER
MEILLER KIPPER
50%

## 6. Die Differentialsperren

Wie schon oben in Kapitel 5 »Das Differential« erwähnt, wird die Größe des übertragenen Moments und damit die übertragbare Vortriebskraft durch die jeweils kleinere Haftreibungszahl bestimmt.
Steht also beispielsweise ein Antriebsrad auf einer eisglatten Fläche, so kann es keine Vorschubkraft übertragen. Das eingeleitete Motormoment wird größtenteils in eine nutzlose Beschleunigung der Drehmassen umgesetzt, das Rad wird mit doppelter Drehzahl drehgeschleudert.
Aufgrund der Momentengleichheit kann auch auf der gegenüberliegenden Seite ebenfalls nur ein entsprechend niedriges Moment übertragen werden. Dies bewirkt, dass dieses Rad, trotz guter Bodenhaftung, auch keine Vorschubkraft übertragen kann – es bleibt einfach stehen.
Die Lösung zur Verbesserung der Traktion lautet nun: Das Differential muss überbrückt werden, es darf kein Ausgleich mehr stattfinden. Wenn die beiden Abtriebswellen nun miteinander verblockt werden, so richtet sich das zu übertragene Moment nicht mehr nach der geringeren, sondern nach der höheren Haftreibungszahl.
Diese Verblockung wird durch die sogenannte Differentialsperre erzielt.
Die Betätigung der Differentialsperren erfolgt manuell durch den Fahrer. Beim Mercedes-Benz beispielsweise Actros geschieht dies durch einen Drehschalter in der Brüstung. Beim Actros-Nachfolger Arocs wird der Drehschalter nur noch bei den mehrachsigen Fahrzeugen eingesetzt.
Bei Fahrzeugen mit nur einer Hinterachse – also bei allen 4x2-Kippern, Pritschen- und Sattelfahrzeugen – wurde der Drehschalter durch einen Kippschalter ersetzt.
Durch die Bedienung des Sperrenschalters wird ein Magnetventil elektronisch angesteuert. Die Weiterleitung des Steuerbefehls erfolgt pneumatisch auf die mechanische Differentialsperre. Die

Differentialsperren-Anzeige im Display (nur Längssperren geschaltet) und Daueranzeige im Ziffernblatt bei einem 8x8-Fahrzeug. (Foto: Frank Stephan)

Die Sperrwirkung der Ausgleichssperre wird über die Sperrgabel durch eine Klauenkupplung erreicht (siehe rechte Seite).

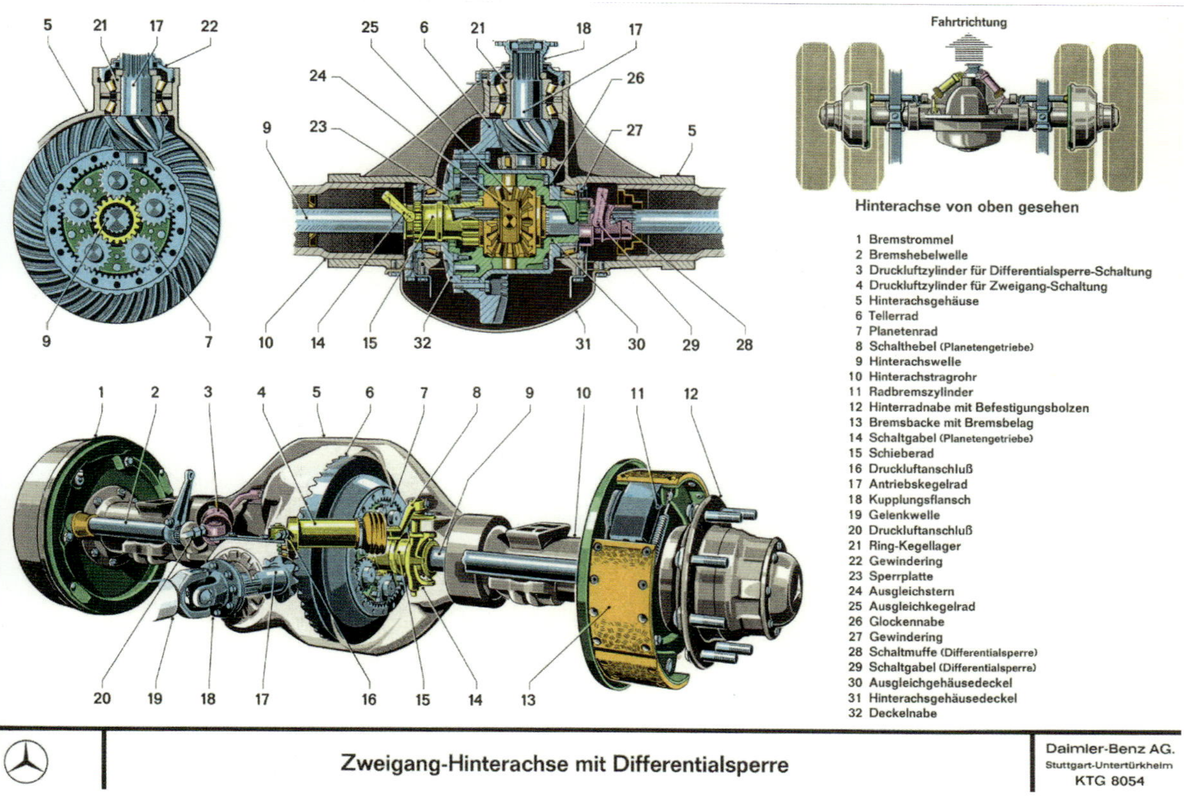


**Eine Lehrtafel aus dem Jahr 1964 erläutert das Prinzip der Differentialsperre am Beispiel einer Zweigang-Hinterachse. Das Prinzip ist im Wesentlichen bis heute unverändert. (Abbildung: Daimler Truck)**

Rückmeldung, ob die Sperre geschaltet oder nicht geschaltet ist, übernimmt ein Stößelschalter. Dabei erscheint dann im Kombiinstrument die Differentialsperren-Anzeige und im Ziffernblatt eine zusätzliche Daueranzeige bei eingelegter Sperre (siehe linkes Bild). Im eingerückten Zustand verbindet die Klauenkupplung eine der beiden Steckwellen drehfest mit dem Differentialgehäuse. Dadurch können die Ausgleichkegelräder nicht mehr auf den Achswellenrädern abrollen, es besteht eine formschlüssige Verbindung zwischen den beiden Achswellen über Differentialgehäuse und Ausgleichkegelräder. Der Ausgleich ist zu 100 Prozent gesperrt, die beiden Antriebsräder drehen in allen Fahrsituationen mit derselben Drehzahl.

Generell werden die Differentialsperren zwischen den Antriebsrädern einer Achse (wie beschrieben) eingesetzt, bei mehrachsigen Fahrzeugen aber auch zwischen den Antriebsachsen.
Werden die Antriebsräder einer Achse gesperrt, so spricht man von der Quersperre.
Werden Achsen miteinander gesperrt, entweder die beiden Antriebsachsen im Hinterachs-Tandem oder die angetriebene Vorderachse mit der Hinterachse über das Verteilergetriebe, so spricht man von der Längssperre. Diese Sperrung erfolgt im Verteilergetriebe. Im Falle des bereits beschriebenen VG 3000 von Mercedes-Benz geschieht dies durch Zuschaltung des Vorderachsantriebs über eine Klauenkupplung.

Im Falle des VG 2800 wird der Planetenradträger verblockt, sodass Hohlrad und Sonnenrad mit der gleichen Drehzahl laufen.
Durch die Längssperren (alle werden auf einmal geschaltet) werden also alle Achsen über die Gelenkwellen miteinander starr verbunden.
Eine Längssperre findet man also sowohl in der Achse als auch im Verteilergetriebe.
Das nachfolgende Bild unten zeigt die Längssperre im Achsgehäuse der ersten Hinterachse.

## 6.1 Schaltphilosophie der Längs- und Quersperren

Versuchsseitige Tests haben bewiesen, dass bei Allradfahrzeugen schon das Einlegen von nur der Längssperre einen deutlichen Traktionsgewinn darstellt. Werden Bodenverhältnisse und/oder Steigungsbedingungen extrem, so muss die nächste Option – das Einlegen der Quersperre(n) – gewählt werden.
Diese Philosophie, dass beim Einlegen der Sperren zuerst die Längssperre und dann im zweiten Schritt die Quersperre geschaltet wird, hat sich bis heute erhalten. Dies gilt sowohl für die Fahrzeuge von Mercedes-Benz als auch für diejenigen aller anderen namhaften Lkw-Hersteller.
Durch den bei den mehrachsigen Fahrzeugen verwendeten Drehschalter wird in der ersten Stufe also die Längssperre und in der zweiten Stufe die Quersperre betätigt.
In den Versuchsabteilungen immer wieder diskutiert wurde, ob es sinnvoll sei, bei mehrachsigen Fahrzeugen die Längssperren nacheinander zu schalten. Auch hier haben Versuche bewiesen, dass sich nur bei einer Verblockung aller Achsen der notwendige Traktionsgewinn einstellt.
Bei den Quersperren stellt sich die Sachlage allerdings ein wenig anders dar:
Hier hat man bei Mercedes-Benz zugunsten einer guten Lenkfähigkeit darauf verzichtet, alle Quersperren gleichzeitig zu schalten. Zudem bringt eine Vorderachs-Quersperre nur unter ganz extremen Bedingungen noch den entscheidenden Traktionsvorteil. Iveco beispielsweise bietet für seine

Der Pfeil zeigt auf den Kolben, der bei Betätigung der Längssperre mit Druck beaufschlagt wird und dadurch die Schaltgabel (1) verschiebt.

**Drehschalter für Längs- und Quersperren im Cockpit eines Allrad-Fahrzeugs der Arocs-Baureihe.**

Trakker-Familie eine solche Vorderachs-Quersperre gar nicht an.

Somit existieren auf dem Sperren-Drehschalter im Mercedes-Benz Arocs (siehe Bild oben) neben der 0-Stellung noch maximal drei weitere Stufen:

**1. Stufe : 0**
**2. Stufe : Längssperre(n) zugeschaltet**
**3. Stufe : Quersperre(n) der Hinterachse(n) zugeschaltet**
**4. Stufe : Quersperre(n) der Vorderachse(n) zugeschaltet**

*Anm.: Die 3. Stufe beinhaltet die 2. Stufe, die 4. Stufe die Stufen 2 und 3.*

Am Beispiel des vierachsigen Allradkippers »8x8 AK« seien die Sperren noch einmal näher erläutert:

### I. Einlegen der Längssperren:

Geschaltet werden die Sperre im Verteilergetriebe (verblockt die Gelenkwelle zur 2. Vorderachse und zur 1. Hinterachse zueinander), die Sperre in der 1. Hinterachse (verblockt die Gelenkwellen zur 1. Hinterachse und zur 2. Hinterachse miteinander) und die Sperre in der 2. Vorderachse (verblockt die Gelenkwelle zur 2. Vorderachse mit der Gelenkwelle zur 1. Vorderachse).

### II. Einlegen der Hinterachs-Quersperren:

Geschaltet werden die Sperre in der 1. Hinterachse (verblockt beide Antriebsräder) und die Sperre in der 2. Hinterachse (verblockt beide Antriebsräder).

### III. Einlegen der Vorderachs-Quersperren:

Geschaltet werden die Sperre in der 1. Vorderachse (verblockt beide Antriebsräder) und die Sperre in der 2. Vorderachse (verblockt beide Antriebsräder).

## 6.2 Auswirkungen von Längs- und Quersperren

Wie im Kapitel 6 beschrieben, verhindern die Differentialsperren den Drehzahlausgleich zwischen den Antriebsrädern einer Achse und bei mehreren Achsen zwischen den einzelnen Achsen. Dabei wird das beim Durchdrehen eines Rades produzierte überschüssige Antriebsmoment auf das Rad mit dem höheren Kraftschlusspotenzial umgeleitet.

Durch die beim Lkw vorhandene formschlüssige Verbindung durch die Klauenkupplung wird eine Sperrwirkung von 100 Prozent erreicht.

Für die Quersperre bedeutet dies, dass die Momentenverteilung zwischen dem linken und rechten Rad nicht mehr 50 Prozent : 50 Prozent beträgt, sondern 100 Prozent für das Rad mit dem höheren Kraftschluss. Anders ausgedrückt: abhängig von den Kraftschlussverhältnissen könnte das

**Ein Actros-8x8-Allradkipper des Typs 4140 erklimmt eine 40-Prozent-Steigung. (Foto: Daimler Archiv).**

maximale Motormoment von nur einer Radseite übertragen werden.
Eine Vortriebskraft kann aber nur entstehen, wenn die Gewichtskraft und die Haftreibung groß genug sind. Das heißt, um Vortrieb zu erzeugen, muss das Produkt »Radlast x Haftreibungsfaktor« größer sein als das vom Motor abgegebene Antriebskraftangebot.
Wenn also entweder die Haftreibungszahl auf der griffigen Seite nicht groß genug oder die Radlast zu gering ist, kann trotz eingelegter Sperre die Antriebskraft nicht abgegeben werden. Als Folge würden dann beide Räder durchdrehen.

Die Quersperre birgt jedoch auch einen Nachteil: Durch die ungleiche Momentenverteilung ergibt sich ein Giermoment um den Fahrzeugschwerpunkt. Die Höhe des Giermoments ist abhängig vom eingeleiteten Antriebsmoment, dem Sperrmoment und den Haftreibungszahlen.

Dies wird besonders auf Eis deutlich, wenn die Radkräfte aufgrund des geringen µ-Wertes wesentlich kleiner sind als die eingeleitete Antriebskraft. Schon leichtes Gasgeben oder Betätigen der Motorbremse genügen, um das Fahrzeug instabil werden zu lassen, das bedeutet, die Hinterachs-Räder versetzen zur Seite.
Dass dadurch Gefahrensituationen entstehen können, musste ich am eigenen Leib selbst erfahren, wie im Kapitel 15 näher beschrieben wird.

Es ist also sehr ratsam, bei glatten Bodenverhältnissen die Quersperre nur mit Bedacht einzusetzen oder sogar ganz darauf zu verzichten.
*(Die Ausführungen zur Quersperre sind im Wesentlichen aus dem Fachbuch »Fahrwerktechnik: Fahrverhalten« von Adam Zomotor entnommen, erhältlich im Vogel Buchverlag Würzburg).*

Die Längssperre gleicht die mittleren Drehzahlen der Achsen aus, das heißt im Hinterachs-Tandem sorgt sie für den Gleichlauf der beiden Hinterachsen, indem sie die Gelenkwellen der beiden Hinterachsen starr verbindet. Dreht beispielsweise ein Rad der zweiten Hinterachse durch, so wird das überschüssige Moment auf die erste Hinterachse übertragen und bei genügend hohem Kraftschluss der Räder an der ersten Hinterachse kann so eine Vortriebskraft erzeugt werden.
Im Verteilergetriebe wird das Momentenverhältnis aufgelöst. Es beträgt nicht mehr 1: 3,2, sondern verteilt sich aufgrund der starren Verbindung zwischen Vorder- und Hinterachsen entsprechend den herrschenden Haftreibungszahlen und den jeweiligen dynamischen Achslasten.
Fährt ein allradgetriebener Lkw einen Berg hinauf, so ist die Momentenverteilung ideal, die Gewichte verlagern sich auf die Hinterachse und dort kann auch das hohe Antriebsmoment abgesetzt werden. Im Prinzip wäre also hier keine Längssperre nötig. Ist der befahrene Untergrund aber etwa nass oder sandig, so reicht auch das an der Vorderachse anstehende geringere Moment aus, die Vorderräder durchdrehen zu lassen. Damit das Antriebsmoment also nicht über die Vorderachse nutzlos drehgeschleudert wird, muss also auch hier die Längssperre eingelegt werden.
Fährt etwa ein Lkw der Antriebsformel 8x8 rückwärts den Berg hinauf, so wird aufgrund der Achslastverschiebung die Hinterachse entlastet, das hohe Antriebsmoment kann von der geringeren Hinterachs-Last nicht mehr abgesetzt werden. Auch hier verschafft die Längssperre in Verbund mit den angetriebenen und verblockten Vorderach-

**Fahrt mit einem 6x6-Kipper der Actros-Familie auf der künstlich angelegten Verwindungsstrecke im EVZ.**

sen die notwendige Vortriebskraft. Im nachfolgenden Bild auf der rechten Seite oben erklimmt ein 8x4-Kipper rückwärts die eine etwa 35-prozentige-Steigung. An dieser Stelle drehten trotz eingelegter Längs- und Quersperren die Hinterachs-Räder durch, da die Hinterachsen zu sehr entlastet wurden und so das Antriebsmoment nicht mehr übertragen werden konnte. Hier fehlt die angetriebene Vorderachse, mit der eine Weiterfahrt problemlos gewesen möglich wäre.

Die Längssperre ist so lange wirksam, wie mindestens die Antriebsräder einer Achse in der Lage sind, das Antriebsmoment zu übertragen.

Fährt ein drei- oder vierachsigen Allradkipper über eine Kuppe, so kann bisweilen auch die komplette Vorderachse in der Luft sein. Durch die Achslastverlagerung bringen die Hinterachsen genügend Druck auf den Boden und sind so auf jeden Fall in der Lage, das Antriebsmoment in Vortriebskraft umzusetzen.

Sollte aber an jeder Achse zumindest ein Rad nicht mehr genügend Grip aufbringen, so ist kein Vortrieb mehr möglich. In diesem Fall hilft nur noch die Hinterachs-Quersperre weiter.

Ein Beispiel dafür, dass ein Rad einer Achse nicht mehr genügend Traktion aufbringen kann, ist das Befahren der Verwindungsstrecke etwa im Mercedes-Benz eigenen Entwicklungs- und Versuchszentrum (EVZ) oder auf dem sogenannten »Sauberg«. Beim Überfahren der wechselseitig angebrachten Höcker federt das auf den Höcker fahrende Rad ein, das gegenüberliegende Rad dieser Achse federt jedoch aus. Durch die Ausfederung geht die Federkraft zurück, damit verringert sich die Radlast und das Rad kann die Antriebskraft nicht mehr umsetzen, es läuft unter Schlupf.

Rückwärtsfahrt eines 8x4-Kippers (Mercedes-Benz Arocs 964 V154) auf dem Versuchsgelände »Sauberg«.

Sind die Höcker nun so angeordnet, dass an allen Achsen gleichzeitig immer ein Rad so stark ausfedert, dass es »durchschlupft«, ist trotz Längssperre kein Vorwärtskommen mehr möglich, das Fahrzeug kommt zum Stehen. Zur Weiterfahrt muss die Quersperre betätigt werden. Bevor wir jetzt noch tiefer in die Praxis einsteigen, betrachten wir noch die Drehmomentverteilung im Antriebsstrang.

Scania XT 8x4 mit großem Abstand zwischen den beiden Vorderachsen.

MAN ProfiD
MAN ProfiDrive

# 7. Drehmoment-verteilung im Antriebsstrang

# 7. Drehmomentverteilung im Antriebsstrang

Anhand der nachfolgenden Skizze kann am Beispiel eines dreiachsigen Allradkippers aus der früheren Mercedes-Benz SK-Baureihe anschaulich verfolgt werden, wie sich das vom Motor abgegebene Drehmoment über Getriebe, Verteilergetriebe und Achsen aufbaut und an die Räder verteilt.

Bei dem betrachteten Fahrzeug handelt es sich um einen 6x6-Allradkipper (Typ 2635), ausgerüstet mit dem Achtzylinder-Motor OM 442 A. Dieser Turbomotor ist mit einem maximalen Drehmoment von 1600 Nm angegeben. Das verwendete Getriebe ist das ZF-Getriebe 16 S-160 mit einer Übersetzung im kleinsten Gang von 11,46.
Das Verteilergetriebe hat die Bezeichnung VG 2000, das sich zum heutigen VG 2800 geringfügig in den Übersetzungen von Straßen- und Geländegang und der Momentenverteilung unterscheidet:
Der Straßengang hat die Übersetzung 1,023, der Geländegang 1,436. Die Momentenverteilung beträgt 1: 3,35 oder, in Prozenten ausgedrückt, 23 Prozent zu 77 Prozent.
Die Hinterachsen HL 7 und die Vorderachse AL 7 haben jeweils die Achsübersetzung i= 5,22.
Die Bereifungsgröße ist 13 R 22,5, mit einem Reifenhalbmesser von $r_{dyn}$ = 0,546 m.

Ausgangspunkt ist der Motor, Herzstück ist das Verteilergetriebe in dem das eingeleitete Moment nach vorn und hinten verteilt wird. Der Momentenfluss ist nun wie folgt:

Der Motor gibt sein Moment an das Getriebe ab:
M Getriebe = M Motor x i Getriebe

Das Getriebemoment wird im Verteilergetriebe um den Faktor des Straßen- bzw. Geländeganges erhöht:
M Verteilergetriebe = M Getriebe x i VG

**Skizze: Momentenfluss im Antriebsstrang eines 6x6-Allradkippers (Typ 2635) aus der SK-Baureihe.**

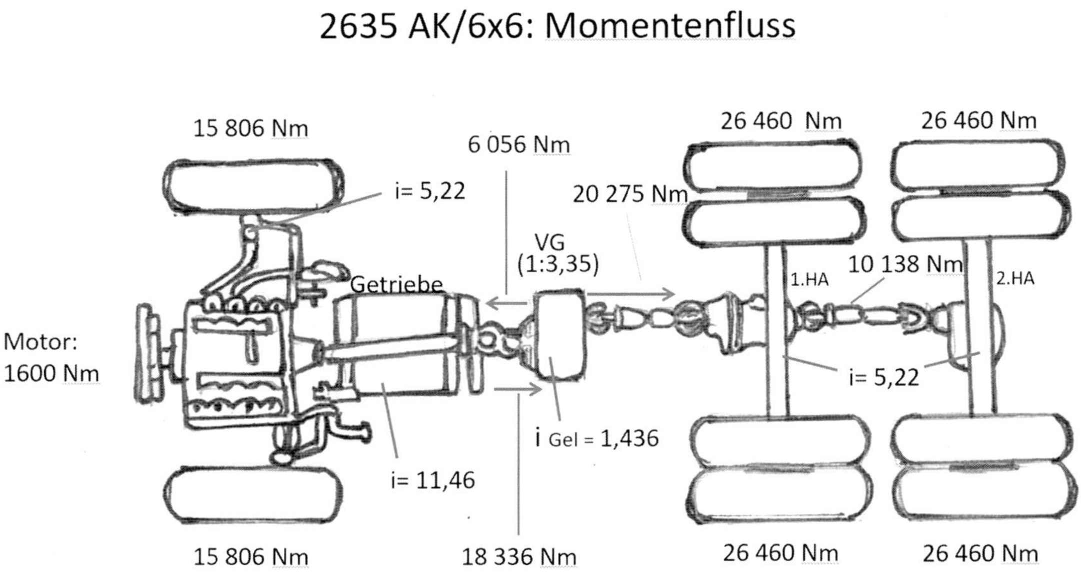

Im Verteilergetriebe wird das Moment auf die Vorderachse und die Hinterachsen verteilt. Dabei entfallen auf die VA 23%, auf die HA 77%:
M' Vorderachse = VG 23%
M' Hinterachse = VG 77%

In den Achsen wird das eingeleitete Moment um die Achsübersetzung i erhöht:
M Vorderachse = M' Vorderachse x i Vorderachse
M Hinterachse = M' Hinterachse x i Hinterachse

An den einzelnen Rädern der Vorderachse bzw. an den Radpaaren der Hinterachsen kommen nun schlussendlich folgende Momente an:
M Rad VA = M Vorderachse : 2
M Radpaar HA = M Hinterachse : 4

Dieser Momentenfluss ist im nicht gesperrten Zustand wirksam.

In Zahlen ausgedrückt kommen wir zu folgendem Ergebnis:
Das maximale Moment, das der Motor abgeben kann, beträgt 1600 Nm.

M Getriebe = 1600 Nm x 11,46 (Übersetzung im 1. Gang) = 18 336 Nm.

Im Verteilergetriebe ist der Geländegang geschaltet:
M VG = 18 336 Nm x 1,436 (Übersetzung Geländegang) = 26 331 Nm

M' VA = 23% von M VG = 6 056 Nm
M' HA = 77% von M VG = 20 275 Nm

M VA = 6 056 Nm x 5,22 = 31 612 Nm
M HA = 20 275 Nm x 5,22 = 105 833 Nm

M Rad VA = 31 612 Nm : 2 = 15 806 Nm
M Radpaar HA = 105 833 Nm : 4 = 26 458 Nm

*(Anm.: aufgrund von mathematisch zulässigen Rundungen weichen die gerechneten von den in der Skizze dargestellten Radmomenten geringfügig ab).*

Die am Rad nun anliegende Zugkraft errechnet sich aus dem Radmoment und dem Radius des Reifens nach der Formel:

$$F_{zug} = \frac{M_{Rad}}{r_{dyn}}$$

Für die Vorderachse bedeutet dies:

$$F_{zug} = \frac{31\,612\ \text{Nm}}{0{,}546\ \text{m}} = 57\,900\ \text{N}$$ bzw. 28 950 N pro Rad

An den beiden Hinterachsen liegt folgendes Zugkraftangebot vor:

$$F_{zug} = \frac{105\,833\ \text{Nm}}{0{,}546\ \text{m}} = 194\,000\ \text{N}$$ bzw. 48 500 N pro Radpaar

Ist im Verteilergetriebe (VG) der Straßengang mit 1,023 geschaltet, so reduzieren sich die Radmomente deutlich:

Das im VG aufgebaute Moment beträgt dann statt 26 331 Nm nur noch 18 758 Nm.
Davon kommen dann an den einzelnen Rädern folgende Momente an:

M Rad VA = 11 260 Nm
M Radpaar HA = 18 850 Nm

Im Kapitel 12 werden wir sehen, dass diese Zugkrafterhöhung um mehr als 40 Prozent im schweren Baustelleneinsatz durchaus sinnvoll ist.

Diese Momente können in der Praxis an den Rädern abgegeben werden, wenn die Radlasten und Haftreibungspaarungen groß genug sind und wenn keine Sperren geschaltet sind. Sollten die Sperren geschaltet werden, so verändern sich die Momentenverhältnisse.

Wird im obigen Beispiel des 2635 AK die Längssperre geschaltet, so wird das im Verteilergetriebe ankommende Moment nicht mehr im Verhältnis 1: 3,35 auf Vorderachse und Hinterachsen verteilt, sondern es richtet sich nach den vorhandenen Radlasten und dem Kraftschluss an den Rädern.
Konkret heißt das: Die 26 331 Nm, die bei Schaltung des Geländegangs im Verteilergetriebe zur Verfügung stehen, werden nun in keinem festen Verhältnis mehr auf Vorderachse und Hinterachsen verteilt.
Da sich durch die starre Verbindung der Vorderachse und Hinterachsen die Momente nach den jeweiligen Normalkräften und Haftreibungszahlen verteilen, wird nur soviel von dem Antriebsmoment an jedem Rad abgesetzt, wie die Radlast und die Griffigkeit des Bodens es zulassen.
Selbst beim Abheben der Vorderachse in einer Steigung sind die Hinterachsen in der Lage, das gesamte Antriebsmoment zu übertragen.
Voraussetzung ist allerdings, dass genügend Kraftschluss vorhanden ist. Kritisch wird es dann, wenn der mü-split-Fall eintritt, das heißt wenn zwischen links und rechts unterschiedliche Haftreibungswerte vorliegen.
Dann muss die Quersperre geschaltet werden um zu verhindern, dass das Antriebsmoment über das Rad mit dem geringeren Kraftschluss nutzlos weggeschleudert wird.

Bevor wir jetzt tiefer in die Praxis eintauchen, möchte ich im folgenden Kapitel darstellen, welche Kräfte am Fahrzeug überhaupt wirken: Welche Widerstände muss ein Lkw überwinden, um eine Steigung bewältigen zu können?

Ein Actros-4x4 hat mit dem erhöhten Rollwiderstand im tiefen Sand zu kämpfen. (Foto: Daimler Truck)

ZETROS
70727

# 8. Fahrwiderstände und Zugkraft

SCANIA
CORESA
CHAVIMOCHIC
G 460
T7T-882
MICHELIN

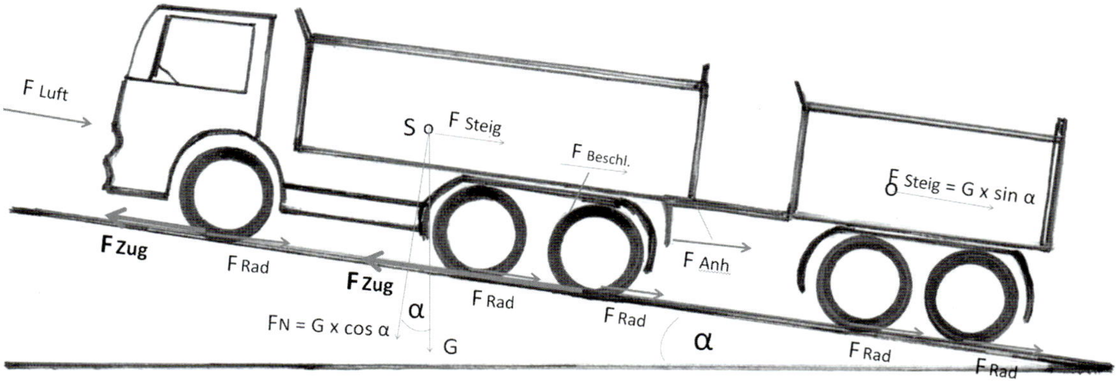


Die Zugkraft Fz ist gleich der Summe der Fahrwiderstände:

$$F_{Zug} = \Sigma F = F_{Rad} + F_{Steig} + F_{Anh} + F_{Luft} + F_{Beschl.}$$

**Skizze aus dem persönlichen Arbeitsheft: Die Summe aller Fahrwiderstände.**

## 8. Fahrwiderstände und Zugkraft

An einem Fahrzeug wirken Zug- und Bremskräfte sowie bei Kurvenfahrt Seitenkräfte, die allesamt von den Rädern durch Kraftschluss aufgebracht werden. Die Zug- oder Antriebskraft wird dazu benötigt, die der Bewegungsrichtung entgegen wirkenden Fahrwiderstände zu überwinden.

Gemeinhin spricht man nun von folgenden Fahrwiderständen:

- Radwiderstand
- Luftwiderstand
- Steigungswiderstand
- Kurvenwiderstand
- Beschleunigungswiderstand
- Anhängewiderstand

In der oben stehenden Abbildung sind die am Fahrzeug wirkenden Fahrwiderstände anschaulich dargestellt:
Betrachten wir einen Lkw, der sich abseits der Straße im Offroad-Gelände bewegt, so bleiben im Endeffekt nur noch zwei Fahrwiderstände übrig. Der Einfachheit halber betrachten wir einen Lkw ohne Anhänger, zudem möchte ich die nachfolgenden Berechnungen auf das Fahren im Daimler-Truck-Erprobungsgelände – dem bereits des Öfteren genannten Sauberg – konzentrieren. Dort fahren die Lkw nur im Solobetrieb. Der Anhängewiderstand entfällt somit für die folgenden Ausführungen.
Bei den im Offroad-Betrieb eher kleinen Geschwindigkeiten spielt auch der Luftwiderstand keine Rolle, insofern können wir auch diese Größe vernachlässigen.
Da wir in der Steigung mit konstant geringer Geschwindigkeit fahren, findet keine Beschleunigung von drehenden Massen wie den Rädern statt, sodass wir auch hier auch auf eine Betrachtung des Beschleunigungswiderstandes verzichten können.
Da auch der Kurvenwiderstand nur bei hohen Geschwindigkeiten betrachtet werden muss, muss dieser im Folgenden ebenfalls nicht berücksichtigt werden.
So bleiben am Ende nur noch der Steigungswider-

**Actros 4x4-Kipper bei Tests in der Sandwüste: Erhöhter Rollwiderstand im tiefen Sand.**

stand und der Radwiderstand übrig.
Der Steigungswiderstand wird durch die Hangabtriebskraft FH dargestellt.

Wie in der Abbildung zu erkennen, ist

**$F_H = F_{Steig} = G \times \sin \alpha$**
G = Gesamtgewicht des Fahrzeugs
$\alpha$ = Steigungswinkel

Den größten Anteil am Radwiderstand hat der Rollwiderstand. Der Rollwiderstand entsteht durch die Formänderungsarbeit im Reifen beim Abrollen auf der Fahrbahn. Ist der Untergrund weich, so geht auch die Verformung des Bodens in die Größe des Rollwiderstandes ein.
Manchmal wird in der Literatur auch auf den Rollwiderstand verzichtet. In unserem Fall aber, bei der Betrachtung eines Lkw im Offroad-Gelände, muss der Rollwiderstand berücksichtigt werden.

Für den Rollwiderstand gilt die Beziehung
**$F_{Roll} = f_R \times F_N$**

wobei $F_N$ die Normalkraft darstellt, die senkrecht zu den Radaufstandspunkten wirkt.

**Dabei ist $F_N = G \times \cos \alpha$**

Somit gilt für den Rollwiderstand = $f_R \times G \times \cos \alpha$
$f_R$ = Rollwiderstandszahl
G = Gesamtgewicht des Fahrzeugs
$\alpha$ = Steigungswinkel

Wie in der Abbildung erwähnt ist die Zugkraft mathematisch gesehen gleich der Summe der Fahrwiderstände, in unserem Fall also die Summe aus Steigungs- und Rollwiderstand.

Für die Praxis bedeutet dies aber:
Damit der Lkw in der Steigung sich überhaupt fortbewegen kann, muss die dafür notwendige Zugkraft den Steigungswiderstand und den Rollwiderstand überwinden.
Die beiden gewichtsabhängigen Widerstände Rollwiderstandszahl und Steigungswiderstand können nun zu folgender Formel zusammengefasst

werden:

$$F_W = F_{Roll} + F_{Steig}$$

In einer Formel ausgedrückt heißt dies für den Gesamt-Fahrwiderstand:

$$F_W = f_R \times G \times \cos\alpha + G \times \sin\alpha$$
$$= G \times (fR \times \cos\alpha + \sin\alpha)$$

Der Gesamtwiderstand $F_W$ ist also:

$$F_W = G \times (fR \times \cos\alpha + \sin\alpha)$$

Für die Zugkraft heißt dies, sie muss größer als der Gesamt-Fahrwiderstand sein.

Jetzt betrachten wir den Motor, denn er muss die erforderliche Zugkraft zur Verfügung stellen.

Der Motor liefert das Motordrehmoment Md.

Die zugehörige Antriebskraft $F_A$ errechnet sich nun aus dem Motormoment, der Gesamtübersetzung zwischen Motor und Antriebsrädern und den Übertragungsverlusten geteilt durch den Radhalbmesser.
Die Übertragungsverluste im Triebstrang werden durch den Wirkungsgrad $\eta$ der Kraftübertragung bestimmt. In der Literatur wird der Wirkungsgrad als dimensionsloser Faktor von ca. 0,85 angenommen.

Die Gesamtübersetzung setzt sich zusammen aus der Getriebeübersetzung iG, der Verteilergetriebe-Übersetzung iVG und der Achsübersetzung iA.

Somit berechnet sich die Antriebskraft $F_A$ zu:

$$F_A = \frac{Md \times iGes \times \eta}{r_{dyn}} = \frac{Md \times iG \times iVG \times iA \times \eta}{r_{dyn}}$$

dabei ist $r_{dyn}$ der dynamische Radhalbmesser.

Fassen wir zusammen: Für die Antriebskraft ergibt sich die nachfolgende Beziehung.

Die vom Motor gelieferte Antriebskraft $F_A$ muss in der Lage sein, die am Fahrzeug vorhandenen Fahrwiderstände zu überwinden, d.h. $F_A$ muss größer als $F_W$ sein:

$$F_A > F_W$$

Da wir schon im Kapitel 2.2 gelernt haben, dass die Zug- bzw. Antriebskräfte nur dann auf die Fahrbahn aufgebracht werden können, wenn Kraftschluss und Radlasten entsprechend vorhanden sind, gibt es noch eine weitere Beziehung:
Die Antriebskräfte dürfen die Radlasten an den angetriebenen Achsen nicht übersteigen.

Die max. übertragbare Zugkraft ist proportional der aktuellen Gewichtskraft, d.h. die vom Motor abgegebene bzw. die an den Rädern ankommende Antriebskraft muss kleiner bzw. darf max. so groß sein wie die Achslasten der Antriebsachsen und die Haftreibungszahl es zulassen. Die Gleichung hierzu lautet:

$$F_Z \leq \mu H \times F_N,$$

wobei

μH = Haftreibungszahl bzw. Kraftschlussbeiwert ist und $F_N$ die Normalkraft, die sich aus der Summe der Radlasten der angetriebenen Achsen wie folgt berechnet

$$F_N = G_{Rad} \times \cos\alpha\ .$$

Somit lautet die Gleichung für die übertragbare Zugkraft:

$$F_Z \leq \mu H \times G_{Rad} \times \cos\alpha$$

bzw. für die max. Zugkraft **$F_Z$max:**

$$F_z max = \mu H \times {}_{FN} = \mu H \times G_{Rad} \times \cos \alpha$$

Zusammengefasst heißt dies also:
Die Antriebskraft muss größer als die Summe der Fahrwiderstände sein, aber kleiner als die anliegenden Radlasten der angetriebenen Achsen mit entsprechendem Kraftschluss.

$$\mu H \times F_N \geq F_A > F_W$$

Anhand dieser Beziehungen können wir uns jetzt der Praxis zuwenden.
Bevor bei der Entwicklung eines neuen Fahrzeug-Baumusters mit den Prototypen die ersten Fahrmanöver durchgeführt werden, stehen zuallererst die funktionellen statischen Überprüfungen an.
Diese gliedern sich in die Aufnahme der technischen Daten wie Maße und Gewichte sowie den Untersuchungen der Bodenfreiheiten, der Verwindungsfähigkeit und der Kippstabilität.

# 9. Verwindungsfähigkeit, Kippstabilität und Bodenfreiheiten

Branchen-Informations-Center
IC
s offroad
GER 06256

## 9. Verwindungsfähigkeit, Kippstabilität und Bodenfreiheiten

Der Rahmen ist so konzipiert, dass er zum einen eine hohe Biegesteifigkeit aufweist und zum anderen aber auch eine hohe Torsionsfähigkeit besitzt. Der biegesteife Rahmen ist Bedingung für das Aufnehmen von großen Lasten. Beim Kipper kommt erschwerend hinzu, dass der Rahmen in der Lage sein muss, die deutliche Mehrbelastung auf sein Rahmenende beim Abkippen des Schüttguts ohne eine Durchbiegung mit bleibender Verformung zu überstehen.

Verwindungsweich dagegen muss der Rahmen sein, um die bei Verwindungsfahrten auftretenden Torsionskräfte so aufzunehmen, dass keine Risse und Brüche im Längsträger sowie den Querträgern auftreten.

Dieselben Kriterien gelten auch für den Hilfsrahmen, der den Kippaufbau trägt. Um Schäden am Hilfsrahmen zu vermeiden, liegt das Hauptaugenmerk auf den Befestigungen des Hilfsrahmens am Rahmenlängsträger. Der konstruktive Ansatz dabei lautet: Die hintere Verbindung im Bereich des Rahmenendes wird schubfest ausgeführt und je näher der Hilfsrahmenanfang heranrückt, desto »weicher« wird die Verbindung.

Die Aufbauhersteller von Wohnmobilen bevorzugen ein anderes Prinzip: Bei ihnen werden der Hilfsrahmen beziehungsweise die Hilfsrahmensegmente auch im vorderen Teil fest mit dem Rahmen verbunden, der Aufbau jedoch lose gelagert. Die nachfolgenden Bilder verdeutlichen diese Art der »losen Lagerung«, mit der die Torsionskräfte bei Verwindungsfahrten aufgenommen werden können.

Dieses Prinzip der losen Aufbaulagerung im vorderen Rahmenbereich hat sich auch bei den hochgeländegängigen Fahrzeugen durchgesetzt, wie etwa beim 2008 eingeführten Mercedes-Benz Zetros

**Arocs-6x6-Allradkipper mit stark verwundenen Achsen im Testgelände.**

Mercedes-Benz-6x6-Kurzhauber während Verwindungstests auf 500-Millimeter-Rampen. Mit der linken Hinterachsseite und dem rechten Vorderrad wurde auf die 500 Millimeter hohen Holzbohlen hochgefahren. Die rechten Hinterachsräder stehen auf dem Boden, während das linke Vorderrad frei hängt.



zu sehen ist. Biegesteifigkeit und Torsionsfähigkeit sind zwei Parameter, die eigentlich im Widerspruch zueinander stehen und deren Vereinbarkeit eine große konstruktive Herausforderung darstellt. Die Ergebnisse der Verwindungsfähigkeit und der Kippstabilität zeigen aber, dass sich diese Herausforderung durchaus überzeugend lösen lässt.

## 9.1 Verwindungsfähigkeit

An allererster Stelle steht die Überprüfung der Verwindungsfähigkeit.
Hier zeigt sich, ob zwischen achs- und rahmenseitigen Bauteilen genügend Luft vorhanden ist, sodass bei gegenseitigem Auf- und Zubewegen kein Touchieren stattfindet. Die Prämisse lautet:
Je verwindungsweicher der Rahmen, desto größer der Freiraum zwischen Achsen und Rahmen.
Wie eingangs erwähnt, setzen wir bei Nicht-Allradgeländefahrzeugen eine Verwindungsfähigkeit von 300 Millimeter voraus, bei Allradfahrzeugen von 500 Millimeter. In der Praxis sieht das Procedere so aus, dass Vorderachse(n) und Hinterachse(n) diagonal versetzt auf die geforderte Hindernishöhe »gebracht« werden.

In den früheren Zeiten war die Überprüfung der Verwindungsfähigkeit während des Erprobungsprozesses ein mühsames Geschäft: Zunächst mussten die Fahrzeuge auf Holzbohlen fahren, die den geforderten Höhenmaßen (also der gewünschten maximalen Verwindung) entsprachen. Dies stellte sich insbesondere beim Auffahren auf die 500 Millimeter hohen Bohlen als nicht so einfach dar. Oft mussten mehrere Anläufe genommen werden, da die Auffahrrampen auf 500 Millimeter einen immer noch recht steilen Auffahrwinkel aufwiesen und die

Ein Arocs-8x8 auf dem Verwindungsprüfstand. Die Hubstempel unter den beiden linken Vorderachsrädern und unter den rechten Hinterachsrädern sind 500 Millimeter hoch gefahren. Die Vorderachsräder stehen auf Stempel mit integrierten Drehtellern, dadurch ist ein nahezu reibungsloser Radeinschlag möglich. (Foto: Frank Stephan)

Actros-6x6-Allradkipper auf dem Verwindungsprüfstand. Das linke Vorderrad und die beiden rechten Hinterachsräder sind auf dieser Aufnahme jeweils 500 Millimeter angehoben.

Verwindung der gegenüberliegenden Seiten: vorne rechts zu hinten links. Wie im vorigen Bild hat das tiefliegende Vorderrad nur noch geringen Kontakt mit der Stempelfläche.

Holzkästen von den Rädern teilweise weggeschoben wurden.
Dieses mühsame Geschäft wurde erst durch das Aufkommen moderner Verwindungsprüfstände überflüssig. Im Versuchszentrum von Mercedes-Benz geschah dies gegen Ende der 1990er-Jahre.
Ein solcher Verwindungsprüfstand besteht aus acht beweglichen Stempeln, die unabhängig voneinander maximal 700 Millimeter in die Höhe gefahren werden können.
Das Besondere an der Anlage bei Mercedes-Benz ist, dass sie ohne Hydraulik auskommt. Die Höhenverstellung erfolgt über Gewindespindeln und für die Längsverstellung kommen Zahnstangen zum Einsatz, auf denen ein Ritzel abläuft, das die Stempel paarweise verschiebt.
Durch diese Auslegungskriterien können alle zwei- bis vierachsigen Fahrzeuge mit unterschiedlichen Radständen überprüft werden. Die Hubhöhen sind für jeden Stempel stufenlos einstellbar und jeder Stempel kann mit bis zu 16 Tonnen belastet werden.
Im Beispielbild auf Seite 78 oben sind die beiden

**Ein Scania 8x4-Lkw auf dem Verwindungsprüfstand. Die Verwindungshöhe beträgt 300 Millimeter, die Vorderachsräder sind voll eingeschlagen.**

**Ein Scania 8x4-Lkw auf dem Verwindungsprüfstand. Die sind Räder nach rechts eingeschlagen. Kein Touchieren zwischen Lenkstange und Reifen, Abstand in Ordnung.**

Vorderachsen und das Hinterachsaggregat diagonal verwunden. Durch diese statischen Verwindungsprüfungen werden die ersten Engstellen zwischen achsseitigen und rahmenseitigen Bauteilen sichtbar.
Des Weiteren zeigt sich bei volleingeschlagenen Rädern, ob Berührungen zwischen Reifen, Lenkstangen, Stoßdämpfern und Bremsleitungen bestehen.
Auf dem Prüfstand von Daimler werden von Zeit zu Zeit auch Fahrzeuge anderer Lkw-Hersteller auf dem Verwindungsprüfstand untersucht. Im nachstehenden Bild eines Scania 8x4-Kippers lässt sich beispielhaft überprüfen, ob noch genügend Freigang zwischen achs- und rahmenseitigen Bauteilen besteht. Dazu ist hier insbesondere der Bereich zwischen Lenkstange und Reifen im Detail zu betrachten.
Nach diesem Verwindungsprocedere dürfen die Rahmen keine bleibenden Verformungen oder Risse im Längsträger oder in den Querträgern aufweisen.
Wie reagieren die Rahmen aber bei der anschließenden Kippstabilität?

**Scania 8x4 mit Hinterkippaufbau: Kippmulde mit klappbarer hinterer Bordwand kann nur nach hinten kippen.**

## 9.2 Die Kippstabilitäts-Überprüfung

Bei der Kippstabilitätsüberprüfung steht die Standfestigkeit des Kippers beim Abkippen des Schüttguts im Vordergrund. Beim Abkippen von Kies, Sand, lehmigen Boden oder anderen Ladungen muss der Kipper stabil stehen, er darf keinesfalls instabil werden und umkippen, selbst wenn das Schüttgut auf der Kippbrücke »kleben« sollte und der vollständige Kippwinkel erreicht ist.
Dieses stabile Verhalten muss sowohl auf einem ebenen, festen Untergrund als auch auf unbefestigtem Boden vorhanden sein. Der Begriff »unbefestigter Boden« ist aber mit allergrößter Vorsicht zu betrachten.
Befindet sich das Kipperfahrzeug auf einem sandigen oder lehmigen Gelände, muss der Fahrer strikt darauf achten, dass das Fahrzeug eben steht und die Hinterachsen nicht bereits leicht zur Seite geneigt sind. Oft genug ist es schon passiert, dass beim ersten Ankippen, wenn die Kippbrücke sich aus der vorderen Kippbrückenlagerung heraushebt, eine Hinterachsseite tiefer einsinkt. Dann sollte der Kippvorgang sofort abgebrochen werden, denn beim weiteren Ankippen besteht die Gefahr, dass die Kippbrücke so weit zur Seite ausgelenkt wird, dass das Fahrzeug umfällt.
Vierachs-Kipper sind hierbei besonders anfällig. Durch die längere Kippbrücke und die höheren Lasten als beim Dreiachser muss bei diesem Fahrzeugtyp der Abkippvorgang ganz besonders im Auge behalten werden. Leider gibt es in der Praxis dennoch immer wieder Unfälle mit umgefallenen Vierachs-Kippern. Auch bei Sattelfahrzeugen mit Kippaufliegern ist größte Achtsamkeit geboten.
Die Kippstabilität haben wir im Versuchsbetrieb nun so dargestellt, dass die Kippbrücke im vollbeladenen Zustand auf einer leicht geneigten Fläche bis zum vollen Kippwinkel angehoben wird. Dabei muss das Fahrzeug noch eine gute Standfestigkeit aufweisen.
Mit dieser Prozedur soll zum einen der Worst Case aus der Praxis simuliert werden, in dem

**Ein 8x4-Vierachskipper während der Erprobung: Die linke Fahrzeugseite ist 150 Millimeter hochstehend, die Kippbrücke ist vollständig angehoben (Kippwinkel 48 Grad) und mit Seilen gesichert.**

man mit klebendem Schüttgut zu kämpfen hat, zum anderen soll überprüft werden, ob noch eine gewisse Kippsicherheit vorhanden ist, auch wenn eine Radseite am Ende des Kippvorgangs doch leicht einsinken sollte. Für diesen Kipptest werden die Fahrzeuge auf das technisch zulässige Gesamtgewicht ausgeladen, die Dreiachser auf 26 bis 33 Tonnen, die Vierachser auf 32 bis 41 Tonnen.

Die Kippbrücken werden dabei eben mit Kies befüllt. Um das Verrutschen der Kiesladung zu verhindern, wird der Kies vollständig mit Brettern bedeckt. Auf die Bretter werden jetzt in gewissen Abständen Holzbohlen gelegt, die mit Spanngurten festgezurrt werden. Durch die Bretter und Holzbohlen wird der darunterliegende Kies so weit verfestigt, dass ein Verrutschen selbst beim maximalen Kippwinkel so gut wie nicht stattfindet.

Alternativ zu einer stufenlos verstellbaren Neigungsfläche werden im Versuchsbetrieb auch 150 Millimeter hohe Holzbohlen verwendet, die halbseitig befahren werden. Dabei stellt sich eine rahmenseitige Querneigung von fünf Grad ein (siehe Bilder oben und unten).

Ein Kriterium für eine gute Kippstabilität sind die Radlasten. In den Holzbohlen eingelassene Rad-

**Ein 8x4-Kipper mit 150 Millimeter höher stehenden Rädern auf der rechten Seite. Holzbretter und Balken drücken mit Spanngurten auf darunterliegende Kiesladung.**

**Vergleichende Untersuchungen werden auch mit den Fahrzeugen von Wettbewerbern angestellt. Hier ein MAN-8x4-Kipper beim Auffahren auf die Radlastwaagen (siehe Pfeil).**

**Versuche mit dem MAN-8x4-Kipper: Die Kippbrücke ist bis zum maximalen Kippwinkel seitlich angekippt. Die Standfestigkeit ist nicht zu beanstanden.**

lastwaagen zeigen die Restlasten der hochstehenden Räder beim Ankippen der Kippbrücke.
Neben dem nach hinten kippen wird auch das seitliche Abkippen überprüft. Unter der Annahme, dass das Schüttgut kleben bleibt, ist die Maßgabe, dass selbst bei maximalem Kippwinkel der Kipper stehen bleiben muss und sich nicht zur Seite bewegen oder gar umfallen darf.
Die Versuchsdurchführung erfolgt bei nebenstehendem Fahrzeug und voll beladener, zugebundener Kippbrücke.
Wie eingangs erwähnt wird bei der Kippstabilität der hintere Rahmenbereich hoch belastet. Fahrzeug- und Aufbauhersteller sind hier gefordert, die Rahmen und Hilfsrahmen mit Schubelementen zu verstärken. Dies geschieht in der Regel mit kräftigen Kreuzverstrebungen oder mehrere Millimeter dicken Versteifungsplatten.
Bis auf wenige Einzelfälle widerstand der Rahmenlängsträger den Durchbiegekräften. Tat er das nicht, kamen die Hersteller nicht umhin, Verstär-

kungsmaßnahmen zu ergreifen. Die Überprüfungen der Verwindungsfähigkeit und der Kippstabilität gehören zum Standardprogramm der Hersteller-Teste, sowohl bei den Nichtallrad- als auch den Allradkippern.
Während bei der Verwindungsfähigkeit Unterschiede in den Verwindungshöhen bestehen, werden bei der Kippstabilität in beiden Fahrzeugkategorien dieselben Maßstäbe angelegt.

Betrachten wir nun noch die Bodenfreiheiten: Sie sind neben der Steigfähigkeit ein Hauptmerkmal für die Beurteilung der Geländefähigkeit eines Kippers und insbesondere eines Allradkippers.

## 9.3 Bodenfreiheiten

Unter dem Begriff Bodenfreiheit versteht man die Freigangsverhältnisse von achs- und rahmenseitigen Bauteilen zum Boden.

Bei der Überprüfung der Kippstabilität (hier ein MAN 8x4) dient stets ein Bergefahrzeug zur Absicherung.

Am Scania 8x4 wird an der achsseitigen Stabilisator-Aufhängung der Hinterachse das Gummilager stark gequetscht und nach außen gedrückt.

Versteifungsplatte (1) als »Stiefelzieherblech« im hinteren Bereich des Kipper-Hilfsrahmens beim Scania 8x4. Eine ähnliche Konstruktion findet sich beim Actros.

Definiert werden die Bodenfreiheiten nicht nur über das Abstandsmaß der Achsen zum Boden, sondern hauptsächlich über den Böschungswinkel und die Bauchfreiheit. Wobei die Bauchfreiheit in der Fachliteratur schon vor längerer Zeit durch den Begriff »Rampenwinkel« ersetzt wurde.
Der Böschungswinkel wird am vorderen und hinteren Rahmenüberhang zum Aufstandspunkt der Reifen an der ersten Vorderachse bzw. an der letzten Achse gemessen.
Der Böschungswinkel gibt an, wie steil eine Kuppe sein kann, an die das Fahrzeug heranfahren kann, ohne dass rahmenseitige Aufhängungsteile wie Stoßfänger, Kühler und Fahrerhauseinstiege beschädigt werden. Am hinteren Rahmenüberhang ist der Unterfahrschutz das bestimmende Bauteil.
Der Kühler, das gefährdetste Bauteil, wird bei den Mercedes-Benz-Baureihen Actros und Arocs und den Wettbewerbern von einem Unterfahrschutz geschützt (siehe Bild unten), sodass der Kühler, sollte es doch zu einer Kollision mit einem Hindernis kommen, unbeschadet bleibt.
Bei den Allradkippern sollte der vordere Bö-

Messung des vorderen Böschungswinkels an einem beladenen 4x4-Kipper. (Foto: Frank Stephan)

Bereit fürs Gelände: Actros-8x8-Kipper mit montierter Schutzplatte unterhalb des Kühlers (Pfeil).

schungswinkel über 30 Grad liegen, bei den Nicht-Allradfahrzeugen über 25 Grad. Der hintere Böschungswinkel ist in der Regel unkritischer, da Kipper im Gelände über einen klappbaren Unterfahrschutz verfügen sollten.

Ist der Böschungswinkel ein Maß für das Heranfahren an ein Hindernis, so trifft der Rampenwinkel eine Aussage darüber, wie hoch ein Hindernis, beispielsweise eine Kuppe beim Überfahren, sein darf, ohne dass zwischen den Achsen angebrachte Bauteile beschädigt werden.

Beim Allradkipper gibt – wie bei vielen anderen Offroad-Fahrzeugen auch – das Verteilergetriebe das Maß für das am tiefsten liegende Bauteil zwischen den Achsen vor.

Der Rampenwinkel wird auf der Hebebühne gemessen. Dabei steht das Fahrzeug mit der Vorderachse auf der Hebebühne, die so weit angehoben wird, bis das tiefliegende Bauteil (Verteilergetriebe) mit der Bühne zu kollidieren droht. Wichtig dabei ist, dass mit dieser imaginären Rampe, deren Höchstmaße beim Allrad-Lkw durch das Verteilergetriebe definiert werden, kein anderes Bauteil wie etwa der Kraftstofftank oder ein seitlicher Unterfahrschutz vorher kollidiert.

Die nachfolgende Abbildung zeigt den Prüfaufbau. Auch beim Rampenwinkel steht die Zahl »30« für einen guten Wert. Der Rampenwinkel sollte sowohl bei den Allrad- als auch den Nicht-Allradkippern deutlich über 30 Grad liegen.

Die durch die statischen Funktionsversuche ermittelten Werte müssen nun bei den anschließenden Funktionsfahrten ihre Praxistauglichkeit unter Beweis stellen.

**Skizze zur Ermittlung des Rampenwinkels.**

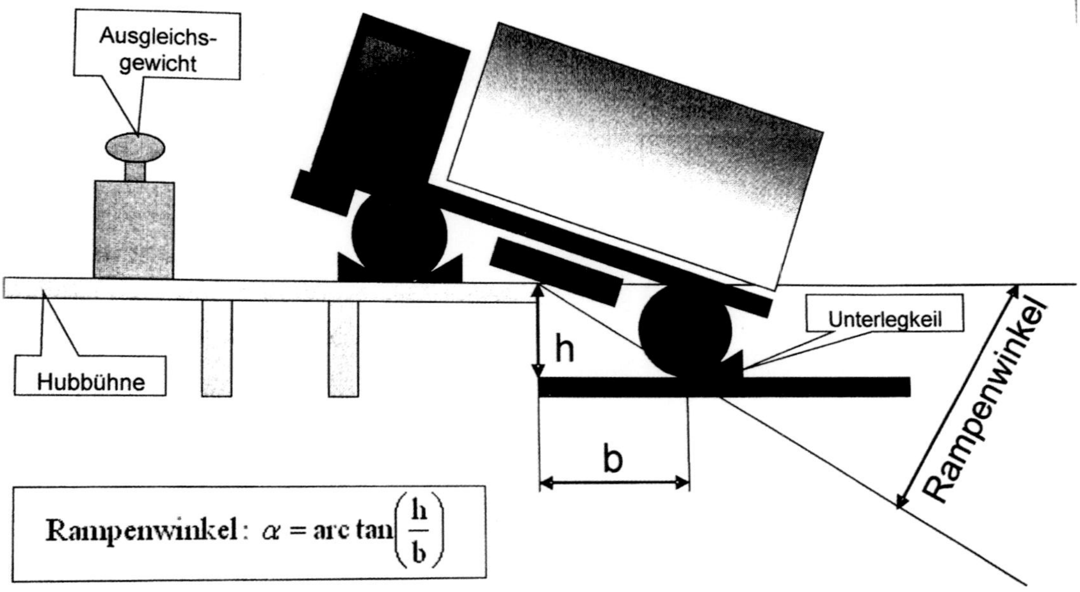


**Rampenwinkel:** $\alpha = \arctan\left(\frac{h}{b}\right)$

# 10. Funktionsfahrten

Istrail

## 10. Funktionsfahrten

An dieser Stelle folgt ein kleiner Einblick in die Erprobung von Allrad-Lkw, wiederum am Beispiel von Daimler Truck. Dort finden diese Fahrten finden in der Regel auf den internen Erprobungsstrecken im Entwicklungszentrum EVZ und speziell mit den Kipperfahrzeugen im Sauberggelände statt.
Daneben werden aber auch immer wieder Versuchsfahrten auf Strecken abseits der Straße durchgeführt, auf unbefestigten Wegen und steilen Auf- und Abfahrten. Die Offroad-Eigenschaften werden dabei auf Erdböden, felsigem Gestein, sandigen und matschigen Wegen und auch bei Eis und Schnee getestet. Deshalb gehören zum Versuchsprogramm auch Testfahrten unter extremen Temperatur im Winter in Finnland oder im Sommer in Spanien. Hochgeländegängige Fahrzeuge mit größeren Bodenfreiheiten und längeren Federwegen mussten ihre Offroad-Tauglichkeit auch schon in der Sandwüste unter Beweis stellen.

## 10.1 Funktionsfahrten auf steinigem Untergrund

Für die Überprüfung der angesprochenen Böschungs- und Rampenwinkel bietet das Sauberg-Terrain die idealen Voraussetzungen.
In einem stark welligen Gelände touchieren die Fahrerhaus-Einstiege – mit die niedrigsten angebrachten Teile am Fahrerhaus – oft mit dem Boden. Diesem Umstand tragen die Lkw-Hersteller insofern Rechnung, als dass diese Einstiege pendelnd ausgeführt werden. Somit können die Einstiege längs und seitlich »ausweichen«; sie erleiden dadurch auf felsigem Untergrund zwar Kratzspuren, aber ein größerer Schaden an den Aufhängungen kann vermieden werden.
Auch im Sauberggelände gibt es solche Engstellen. Das Zufahren auf die Anstiege erfolgt in einem größeren Bogen. Dabei schieben die beladenen Fahrzeuge über die Vorderachse und kommen den seitlichen Abgrenzungen so nahe, dass die Fahrer-

**Ein Iveco-Trakker-8x8 schiebt im Versuchsgelände über die Vorderachsen auf Felsgestein zu.**

haus-Einstiege am Felsgestein entlang schrammen. Hier zeigt sich schließlich, ob der Böschungswinkel am Fahrerhaus-Einstieg groß genug und demzufolge die Pendellänge ausreichend ist. Für Vergleichstests werden dabei auch immer wieder Fahrzeuge von Wettbewerbern wie MAN, Scania, Iveco oder Volvo herangezogen, wie das nachfolgende Bild eines Iveco Trakker zeigt.
Neben Kunststoff und Gummi können auch Blechteile zum Einsatz kommen. Auf einem weiteren nachfolgenden Bild ist der Pendeleinstieg des Volvo FMX zu sehen, dessen Trittplatte und die beweglich angeordneten Seitenwangen aus Blechteilen geformt sind.
Ob der vordere Böschungswinkel ausreichend ist kann ebenfalls praxisnah im Sauberg bei der Bergabfahrt des Hüttenstichs an der Ausfahrt begutachtet werden. Auch hier werden bei Daimler Truck immer wieder Vergleichsfahrten mit Kippern anderer Lkw-Hersteller durchgeführt.
Im Vergleich dazu weisen Allradkipper an dieser Stelle deutlich größere Abstände auf.

## 10.2 Funktionsfahrten bei Eis und Schnee

Unter Praxisbedingungen wird auch der Einsatz von Schneeketten an den Vorder- und Hinterachsen getestet. Neben dem Traktionsverhalten spielen dabei auch die Bodenfreiheiten und das Verwindungsverhalten bei Fahrten in der schneebedeckten hügeligen Landschaft eine bedeutende Rolle. Dadurch können dann realitätsnahe Aussagen getroffen werden, ob noch genügend Freigang zwischen Schneeketten und achsführenden Bauteilen wie Federung und Lenkstangen besteht. So lässt sich auch direkt beurteilen, ob die Bodenfreiheiten noch im tolerierbaren Bereich sind.
Auch die Funktion der Differentialsperren kann unter winterlichen Bedingungen praxisnah getestet werden.

## 10.3 Funktionsfahrten im tiefen Sand

In diesem Abschnitt gebe ich einen Einblick in die Erprobung eines hochgeländegängigen Prototyp-Fahrzeugs bei Mercedes-Benz, an der ich selbst eng beteiligt war. Der geländegängige Truck, der in einem eigenen Sonder-Baumuster entwickelt wurde, erhielt die interne Bezeichnung S 2000. Von

**Der Pendeleinstieg am Iveco-Trakker mit Trittplatte aus Kunststoff und Seitenwangen aus Gummi weicht nach hinten aus. Die Aufhängung bleibt unbeschadet.**

**Am gleichen Hindernis schiebt der Pendeleinstieg des Volvo-6x6 mit seinen Metallgliedern nach hinten weg. Die Aufhängungspunkte und die darüber angeordnete feste Einstiegsstufe sind außerhalb der Gefahrenzone.**

Der Arocs-8x4-Kipper in der Version 964 V77 bei der Ausfahrt aus dem Hüttenstich auf dem Sauberg-Gelände.
Gut erkennbar: geringe, aber noch ausreichende Freigangsverhältnisse von Stoßfänger und Fahrerhaus-Einstieg zum Boden.

Ein MAN-8x4-Kipper bei der Ausfahrt aus dem Hüttenstich: Der Böschungswinkel ist mit demjenigen des Arocs aus obiger Abbildung vergleichbar.

serienmäßigen Allrad-Fahrzeugen aus dem Hause Daimler unterschied sich der S2000 etwa durch seinen verwindungsweicheren Rahmen, größere Federwegen und höher gelegene Achsen mit Einzelbereifung an den Hinterachsen. Konzipiert wurde der S2000 wie der Unimog als Haubenfahrzeug. Das Konzept des S2000 wurde später zur seit 2008 sehr erfolgreich produzierten Zetros-Plattform weiterentwickelt.

Während der ausführlichen Erprobung des S 2000 wurden beispielsweise Funktionsfahrten in der tunesischen Sandwüste durchgeführt. Dort fanden unter anderen Vergleichsfahrten mit einem damals aktuellen serienmäßigen 4x4-Allradkipper der

Der 8x8-Prototyp auf schneebedecktem Waldboden bei der Wintererprobung im Norden Finnlands. Eine ausreichende Bauchfreiheit zwischen den Achsen ist vorhanden.

Dasselbe Fahrzeug im finnischen Winter: Schneeketten auf allen Achsen, beide Vorderachsen diagonal verwunden, Zwillingsketten an den Hinterachsen.

Actros-Baureihe und einem Unimog statt. Für einen aussagekräftigen Traktionsvergleich wurde der Actros-Allradkipper ebenfalls mit Einzelbereifung in der Größe 14.00 R 20 bestückt. Dabei sollten folgende Fragen beantwortet werden:
Wie sieht das Traktionsvermögen beim Erklimmen einer Sanddüne aus und welcher Truck hat im direkten Vergleich die Nase vorn?

Aus dieser Erfahrung lassen sich einige praktische Tipps zum Fahren auf sandigem Untergrund ableiten. Schließlich erfordert Sand ganz besonderes Fingerspitzengefühl, um zu vermeiden, dass sich Lkw auf dem weichen Untergrund festfahren.

Ein 6x6-Kipper bei Rückwärtsfahrt auf schneebedecktem Boden. Trotz des Einsatzes aller Sperren kommt der Kipper nicht weiter, alle Räder drehen auf der vereisten Fläche durch. Die Hinterachsen tendieren dazu nach links, zur leicht abfallenden Seite, zu versetzen.

Haben sich die Fahrzeuge im tiefen Sand doch mal festgefahren, so hilft im ersten Schritt das Ablassen der Luft in allen Reifen. Dadurch wird der Reifenlatsch größer, die Flächenpressung geringer und die Traktion merklich verbessert.

Hier punktete unser Versuchs-Truck durch ein besonders praxisgerechtes Feature: Das Ablassen der Luft aus den Reifen (bis auf etwa 0,5 Bar) und das anschließende Wiederaufpumpen erfolgt beim S2000 komfortabel durch eine Reifendruckregelanlage (RDRA), die an das Druckluftsystem des Fahrzeugs angeschlossen ist.

Nicht nur beim Zugkraftverhalten konnte uns der S2000 in der Wüste überzeugen, auch bei den Bodenfreiheiten zeigten sich seine zahlreichen Vorteile gegenüber dem 4x4-Serienkipper aus der Actros-Reihe.

Die guten Erfahrungen führten schließlich dazu, dass der S2000 zur Serienreife weiterentwickelt werden konnte. Er wird mittlerweile unter der Verkaufsbezeichnung Zetros als Sonderfahrzeug für den Einsatz im unwegsamen Gelände nicht nur im zivilen, sondern auch im militärischen Bereich angeboten und etwa bei der Bundeswehr eingesetzt. Der Zetros dient auch als Basis für zahlreiche Reisemobil-Umbauten

In diesem Kapitel war es mir ein Anliegen, den Leserinnen und Leser einen Überblick zu verschaffen, unter welch unterschiedlichen Bedingungen die Allrad-Fahrzeuge auf ihre Geländetauglichkeit

Die Daimler-Allrad-Familie: links der 4x4-Actros 1832, in der Mitte der S 2000, rechts der Unimog.

Die Tests finden unter extremen Bedingungen statt: Der Actros 4x4 und der Zetros-Vorläufer S 2000 beim Fahrvergleich im tiefen Sand.

Bei diesem Anstieg kommt der S 2000 ein paar Meter weiter als der rote Kipper, der sich an der Vorderachse tiefer eingräbt.

im Versuchsbetrieb getestet werden. Denn erst ein Einblick in die Versuchsbedingungen schafft letztlich das Verständnis, wofür diese Fahrzeuge ausgelegt sind und damit auch das nötige Vertrauen, sich mit dem eigenen Truck ins Gelände zu wagen.
Im Versuchsalltag ist es wichtig, dass die Fahreigenschaften im Offroad-Einsatz effizient und nachweisbar untersucht werden können, um wirklich belastbare Ergebnisse zu produzieren. Zu diesem Zweck muss natürlich ein passendes Gelände vorhanden sein, das zum einen gut erreichbar ist und zum anderen topografisch konstante Erprobungsverhältnisse aufweist.
Fündig bei der Suche nach solch einem Gelände wurde man in unmittelbarer Nähe des damaligen Versuchszentrums in Gaggenau mit dem sogenannten »Sauberg«. Dieses ursprünglich landwirtschaftlich genutzte Gelände (daher der etwas ungewöhnliche Name) kann durchaus als Glücksfall bezeichnet werden, bietet es doch alle Voraussetzungen für die Erprobung von geländegängigen Fahrzeugen.

Größerer Reifenlatsch durch Verringerung des Luftdrucks beim Actros 4x4.

Der S 2000 ist mit Reifenfüllschläuchen an allen Rädern ausgestattet.

Auch beim S 2000 ist der deutlich vergrößerte Reifenlatsch erkennbar, entstanden durch Reduzierung des Reifenluftdrucks.

Aufpumpen des Reifens am S 2000 mit Reifenfüllschlauch über die Reifendruckregelanlage (RDRA).

Der S2000 verfügte über ausreichende Bauchfreiheit zum Überfahren dieses Sandhügels …

… der Actros-4x4-Kipper dagegen hatte sich festgefahren.

# 11. Der Sauberg

S-04218

## 11. Der Sauberg

Der Sauberg diente bereits in den 1930er-Jahren als Erprobungsgelände für schwere Lkw und Sonderfahrzeuge aus dem Hause Mercedes-Benz. Später wurde er insbesondere als Testgelände für den Unimog in Insiderkreisen legendär.
Noch heute werden hier im Auftrag von Daimler Truck, wie die Lkw-Sparte von Mercedes-Benz heute firmiert, neue Allrad- und Nicht-Allradkipper, in seltenen Fällen auch Betonmischer getestet. Neben den Funktionsfahrten werden auf diesem Gelände auch Härtetests durchgeführt, die sich in Form einer Dauererprobung über eine definierte Anzahl von Erprobungsstunden erstrecken.
Der Sauberg teilt sich auf in einen Steigungsteil mit Steigungen bis zu 65 Prozent und in einen Verwindungsteil mit maximalen Verwindungshöhen von bis zu 500 Millimetern. Die Grundsubstanz des Untergrundes bildet felsiges Sandgestein.
Mit diesen äußerst anspruchsvollen Geländeeigenschaften gilt der Sauberg als eine der schwierigsten Erprobungsstrecken der Welt – vielleicht sogar als die schwierigste.
Das Versuchsgelände war früher sogar frei zugänglich, mittlerweile ist es mit Pfosten und Ketten abgesperrt und mit deutlichen Hinweisschildern als Erprobungsgelände gekennzeichnet.
Auf den folgenden Seiten vermitteln einige Bilder eine Übersicht über die Topografie des Geländes, die insbesondere aus der Vogelperspektive deutlich wird. Parallel dazu werde ich die besondere Beschaffenheit der Steigungen und des Verwindungsgeländes in den folgenden beiden Unterkapiteln näher erläutern.

### 11.1 Die Steigungsstrecken

Nachfolgend sind nun im Steigungsteil die markanten Steigungen im Einzelnen aufgeführt, beginnend mit der Steigung neben der »Sauberg-Hütte« – dem sogenannten Hüttenstich.
Diesen Abschnitt haben wir bei der Überprüfung der Böschungswinkel im vorigen Kapitel bereits kennengelernt. Mittlerweile wurde die Steigung durchgehend betoniert und mit künstlich erzeugten versetzten Bodenwellen versehen. Diese Bodenwellen können die Steigung bei widrigen Bodenverhältnissen ziemlich tückisch werden lassen und machen sie zu einer besonderen Herausforderung.

**Eindrucksvoll: 6x6-Kurzhauber mit diagonal verschränkten Achsen im Sauberg-Gelände. (Foto: Daimler Truck)**

Das mit Pfosten und Ketten abgesperrte Erprobungsgelände. Im Vordergrund die diagonal versetzten 500 Millimeter hohen Betonhöcker.

Der Sauberg: Das Erprobungsgelände der Daimler AG.

**Das Versuchsgelände aus der Vogelperspektive: In der linken, unteren Bildhälfte ist der Steigungsteil zu erkennen, oben rechts die Verwindungsstrecke.**

**Der Hüttenstich mit seiner Steigung zwischen 40 und 45 Prozent.**

**Der Stangenstich mit einer Steigung von maximal 45 Prozent im letzten Teilstück.**

Neben dem Hüttenstich ist auch der Stangenstich wesentlicher Bestandteil der Fahrzeug-Dauererprobung: Der Name rührt von den Stangen her, die früher im oberen Teil rechts angebracht waren (siehe rote Pfeile im Bild oben rechts). Der Boden besteht mittlerweile auch hier aus Beton, der hier allerdings noch mit eingelassenen Querfugen versehen wurde. Mit diesen Querrillen werden die Rauigkeit des Untergrunds und damit die Traktionseigenschaften erhöht.

Zwischen Hütten- und Stangenstich sind die beiden Vorführstiche im Naturfelsen eingebettet. Der felsige Untergrund besteht aus Sandstein, der allerdings an manchen Stellen so tief ausgewa-

Ein MAN-8x4-Kipper beim Erklimmen des Hüttenstichs.

Ein 8x4-Axor-Kipper (Typ 932 V72) bei der Auffahrt im Stangenstich.



schen wurde, dass die Löcher mit Beton ausgebessert werden mussten. Beide Stiche können nur mit Allradkippern befahren werden. Sie werden nur für Funktionstests und Vorführungen genutzt.
Die Fahrzeuge sind dabei allerdings nicht – wie bei der Dauererprobung üblich – überladen, sondern mit dem für die Radformel straßenzulässigen Gesamtgewicht lediglich voll ausgeladen. Das bedeutet für den Zweiachser ein Gesamtgewicht von 18 Tonnen, für den Dreiachser ein Gesamtgewicht von 26 Tonnen und für den Vierachser ein Gesamtgewicht von 32 Tonnen. Die Abbildungen auf diesen Seiten geben einen Überblick über die nebeneinander liegenden Steigungen.

Die Vorführstiche neben dem Zuschauerpodest mit maximal 60 bis 65 Prozent Steigung. Der Untergrund besteht aus Naturfelsen (Sandgestein) und zahlreichen Beton-Flicken.

Ein 6x6-Actros (Typ 964 W254) bei der Abfahrt im 60-Prozent-Stich.

Ein 8x6-Kipper (Typ 964 V166) bei der Abfahrt im 65-Prozent-Stich.

## 11.2 Das Verwindungsgelände

Die Skifahrer unter uns wird das Verwindungsgelände vielleicht an eine Buckelpiste erinnern. Hier im Verwindungsgelände sind neben den natürlichen Bodensenken und-erhebungen aus felsigem Gestein auch künstlich erzeugte Kuppen aus Mineralbeton angebracht, die dazu beitragen, das Gelände entsprechend den jeweiligen Verwindungsanforderungen für Allrad- und Nicht-Allradfahrzeuge zu modellieren. In gewissen zeitlichen Abständen, abhängig vom Nutzungsgrad des Geländes, müssen die Höcker und Senken ausgebessert werden.

In der Ost-West-Richtung haben sich neben der gelben Reling aufgrund der Bodencharakteristik zwei markante Fahrspuren gebildet. Direkt neben der verblassenden gelben Einfassung liegen versetzt angeordnete und eng hintereinander folgende Bodenwellen mit Höhendifferenzen von bis zu 500 Millimetern. Diese Spur wird durch die Allradfahr-

**Die vier Steigungen nebeneinander liegend: Die beiden 60- und 65-Prozent-Steigungsstrecken werden von Hüttenstich (1) und Stangenstich (2) gerahmt.**

**Die 65-Prozent-Steigung wird in Handarbeit vermessen. Das Ergebnis entspricht fast haargenau dem Soll-Wert.**

zeuge genutzt. bDaneben gibt es Bodenwellen, die in größeren Abständen sind und die mit geringeren Höhenunterschieden versehen sind, diese werden von den Nicht-Allradfahrzeugen durchfahren.
Als weitere Hauptmerkmale des Verwindungsgeländes sind das Wasser- bzw. Schlammbecken und das Kiesbett zu nennen, sowie Felsabsätze, die einseitig befahren werden können.
Das ursprünglich vorhandene Wasserbecken bildete sich in einer größeren Bodensenke, es setzte sich aber je nach Wetterlage und Jahreszeit immer mehr mit Schlamm zu. So sehr, dass man es schließlich in den 2010er-Jahren um zwei zusätzliche künstlich angelegte Wasserbecken sowie ein Kiesbett ergänzte. Mit einer Wasserleitung kann bei Bedarf Frischwasser in die Wasserbecken zugeführt werden.
All diese im Verwindungsgelände vorhandenen und angelegten Hindernisse gehören zum Umfang jeder Fahrzeug-Dauererprobung. Sie entsprechen in ihren Ausprägungen denjenigen Hindernissen, die ein Fahrzeug im Gelände jederzeit sicher und zuverlässig bewältigen können muss.
Auch bei anderen Lkw-Herstellern genießen Teststrecken einen ähnlich hohen Stellenwert: MAN besitzt zwar kein eigenes Erprobungsgelände, nutzt jedoch für seine Testfahrten das Prüfgelände von Magna Steyr bei St. Valentin in Österreich – mit natürlichen Bodengegebenheiten und entsprechend vorhandenen Hindernissen. Die Kollegen von Scania dagegen setzen in ihrem Testcenter auf künstlich erzeugte Hindernisse.

Verwindungsstrecken im Vergleich: Spur 1 ist für Allradfahrzeuge mit maximalen Verwindungshöhen von 500 Millimetern vorgesehen, Spur 2 für Nicht-Allradfahrzeuge mit Verwindungshöhen von maximal 300 Millimetern.

Blick aus der Gegenrichtung: Neben der (einstmals) gelb lackierten Reling verläuft die Allrad-Strecke (Spur 1).

Ein Volvo-6x6-Kipper in der Allrad-Spur (1).

MAN-8x4-Kipper in der Spur 2 für Nicht-Allrad-Laster.

Die beiden direkt aufeinander folgenden künstlich angelegten Wasserbecken im Testgelände.



Ein 6x4-Arocs-Kipper (Typ 964 V169) durchfährt das erste der beiden Wasserbecken.

# 12. Kräfteverhältnisse am (Allrad)-LKW

Ein 6x6-Arocs-Kipper (Typ 964 W254/ 964 V54) hat die Steigungsstrecke überwunden.

## 12. Kräfteverhältnisse am (Allrad)-Lkw

In diesem Kapitel werde ich am Beispiel von Dreiachs- und Vierachs-Kippern aufzeigen, welche Kräfte auf den Lkw wirken, wenn er steile Anstiege bezwingen muss. Dabei stehen folgende drei Fragen im Fokus: Welche Fahrwiderstände muss er überwinden? Welche Zugkräfte sind dabei vonnöten? Und können diese Zugkräfte überhaupt an den Rädern abgesetzt werden?

So möchte ich meinen Leserinnen und Lesern vermitteln, wie Fahrwiderstände, möglich übertragbare Zugkräfte und vorhandene Antriebskräfte in Abhängigkeit zueinander stehen. Dabei werde ich selbstverständlich auch detailliert auf die Unterschiede eingehen, die zwischen Fahrzeugen mit Allradantrieb und solchen mit Nicht-Allradantrieb bestehen.

## 12.1 Der Dreiachs-Kipper mit den Radformeln 6x4 und 6x6

Das Zusammenspiel der auftretenden Kräfte wird hier zunächst am Beispiel eines Dreiachs-Kippers ausführlich hergeleitet.

Bei der in diesem Beispiel zitierten Sauberg-Erprobung kam der Mercedes-Benz Actros des Typs 964 V54 zum Einsatz, ein 3351 AK/6x6 /36 mit einem Gesamtgewicht von 33 bis 35 Tonnen bei einem Radstand (erste Vorderachse bis erste Hinterachse) von 3,6 Metern.

Durch die Verwendung des VG 3000 als zuschaltbares Verteilergetriebe kann der 964 V54 sowohl als 6x4- als auch als 6x6-Kipper betrachtet werden. Somit können die Unterschiede zwischen den beiden Antriebsformeln sehr gut herausgearbeitet werden. Ausschlaggebend für die Gewichtsspanne von 33 bis 35 Tonnen ist die Federbestückung. Mit der

»serienmäßigen« Offroad-Federung, den 2x13-Tonnen-Hinterfedern an den Hinterachsen sowie der 7,5-Tonnen-Vorderfeder an der Vorderachse, kann der 6x6-Kipper mit 33,5 Tonnen ausgelastet werden.
Kommt an der Vorderachse dagegen die Neun-Tonnen-Vorderfeder zum Einsatz, kann das Fahrzeug bis auf 35 Tonnen aufgelastet werden.

Folgende Aggregate waren im Arocs 964 V54 eingebaut (zur besseren Verständlichkeit werde ich mich bei den folgenden Ausführungen aber auf den 964 W254 beziehen):

- Der Motor OM 471 mit einem max. Motormoment von 2400 Nm
- Das Getriebe G 260-16/ 11,7-0,687 mit manueller Doppel-H-Schaltung
- Das Verteilergetriebe VG 3000
- Die Außenplanetenachsen HL7/ HD7- 16
- Die Bereifung 13 R 22,5.

Um aus dem Motormoment nach der Formel in Kapitel 8 die Antriebskraft berechnen zu können, benötigen wir nun die technischen Daten der oben genannten Aggregate. Die Formel lautet:

$$F_A = \frac{Md \times iGes \times \eta}{r_{dyn}} = \frac{Md \times iG \times iVG \times iA \times \eta}{r_{dyn}}$$

Darin enthalten sind:

- Das Motormoment Md = 2400 Nm
- Die Getriebeübersetzung iG im 1. Gang = 11,7
- Die Übersetzung iVG im VG 3000 mit 1,03
- Die Hinterachsübersetzung iA (= Achsübersetzung) = 6,0
- Der dynamische Reifenhalbmesser $r_{dyn}$ = 0,546 m und
- Der Wirkungsgrad $\eta$ mit 0,85

Somit stehen alle für die Berechnung notwendigen Daten zur Verfügung. Eingesetzt in die Formel ist die Antriebskraft $F_A$ nun:

$$F_A = \frac{2400\ \text{Nm} \times 11{,}7 \times 1{,}03 \times 6{,}0 \times 0{,}85}{0{,}546\ \text{m}} =$$

270 154 N = 27,5 t

Das heißt, an den Antriebsrädern steht eine Zugkraft von max. 27,5 t an.

Reicht diese Zugkraft aber auch aus, um die Fahrwiderstände zu überwinden?

Nach der Formel (siehe Kapitel 8):

$$\mathbf{F_W = G \times ( fR \times \cos\alpha + \sin\alpha )}$$

müssen der Rollwiderstand und der Steigungswiderstand überwunden werden.

In der ersten Erprobungsphase wurde der Kipper aufgrund der Federbestückung mit einem Gesamtgewicht von 33,5 Tonnen erprobt. Dabei entfallen auf die Vorderachse 7,5 Tonnen und auf

**Ein Tonnenklotz aus Beton wird hinter der Stirnwand im Kies begraben, um die erforderliche Vorderachslast zu erzielen. (Foto: Frank Stephan)**

die Hinterachsen 26 Tonnen. Die Kipperfahrzeuge, die auf dem Sauberg erprobt werden, sind mit Kies beladen sowie teilweise noch bestückt mit Tonnenklötzen, um eine gleichmäßige Beladung zu gewährleisten.
Da der Kies die Eigenschaft hat, sich in den ersten Erprobungsstunden »einzurütteln«, verändern sich geringfügig die Achslastverhältnisse. Und zwar in dem Maße, dass die Vorderachse immer etwas an Gewicht verliert. Um dem entgegenzuwirken wird die Vorderachse um rund 200 Kilogramm höher als mit der technischen Nennlast belastet.
Zu Beginn der Erprobung lasten somit auf der Vorderachse 7,7 Tonnen und auf den beiden Hinterachsen knapp 26 Tonnen.
Die Steigungen, die im Sauberg während der Dauererprobung zu befahren waren, waren der Hütten- und der Stangenstich, das heißt die maximale Steigung betrug 45 Prozent. Umgerechnet entspricht diese Steigung einem Winkel $\alpha$ von 24,2 Grad.

Der Rollwiderstandswert **fR** hängt von den Reifeneigenschaften und der Formänderung ab, das heißt es ist entscheidend, auf welcher Fahrbahn der Reifen abläuft. Zu den Reifeneigenschaften zählen hauptsächlich der Reifenhalbmesser, der Reifenluftdruck und der Reifentyp.
In der Literatur sind nun für verschiedene Fahrbahnoberflächen die Rollwiderstandswerte aufgeführt. Nachfolgend die wichtigsten Rollwiderstandszahlen, entnommen aus dem **»Kraftfahrtechnischen Taschenbuch«** der Fa. Bosch.

Tabelle 2:

| Fahrbahn, Reifen auf | Rollwiderstandszahl fR |
|---|---|
| Beton, Asphalt | 0,015 |
| Pflasterdecke | 0,015 |
| Schotter, gewalzt | 0,02 |
| Erdweg | 0,05 |
| Loser Sand | 0,15 … 0,3 |

Da wir auf dem Sauberg sowohl felsige als auch betonierte Oberflächen vorfinden, setzen wir min unserem Beispiel für fR den Wert 0,015 ein (der Unterschied zwischen Fels und Beton dürfte unbedeutend sein, da die Fahrbahn in beiden Fällen starr, also nicht verformbar ist).

Mit diesen Werten können wir nun den Gesamtwiderstand berechnen, den die Antriebskraft mindestens überwinden muss. In die Formel eingesetzt heißt dies:

$$F_W = 33{,}5\ t \times (\ 0{,}015 \times \cos 24{,}2° + \sin 24{,}2°)$$
$$= 33{,}5\ t \times (\ 0{,}014 + 0{,}41) = 14{,}2\ t$$

Vergleichen wir nun die beiden Werte $F_W$ (14,2 Tonnen) und $F_A$ (27,5 Tonnen) miteinander, so fällt auf, dass die vom Motor erzeugte Antriebskraft $F_A$ in üppiger Weise vorhanden ist, sie reicht also locker aus, um die Fahrwiderstände zu überwinden.

Jetzt kommen wir zu der entscheidenden Frage »können diese Zugkräfte überhaupt auf die Fahrbahn übertragen werden, sind Kraftschluss und Radlasten in ausreichendem Maß vorhanden?«
Zur Beantwortung dieser Frage benötigen wir die (ebenfalls) im Kapitel 8 hergeleitete Formel:

$$\mathbf{F_Z max = \mu H \times G_{Rad} \times \cos\alpha}$$

Der Kraftschlussbeiwert µH beschreibt die Reibungsverhältnisse zwischen Reifen(latsch) und Fahrbahn. Die Haftreibung ist stark abhängig von der Oberflächenbeschaffenheit. Entscheidend ist, ob die Fahrbahn trocken, nass oder gar vereist ist und wie schnell gefahren wird.
Nachfolgend die Kraftschlussbeiwerte für verschiedene Reifen / Fahrbahn-Paarungen:

Tabelle 3:

| Fahrbahndecke | Haftreibungszahlzahl µH |
|---|---|
| Beton, Asphalt trocken | 0,85 – 1 |
| nass | 0,5 – 0,7 |
| Pflasterdecke trocken | bis 0,8 |
| nass | bis 0,5 |
| Erdweg, Ackerboden trocken | bis 0,5 |
| nass, schmierig | 0,2 |
| Hartschnee | 0,1 – 0,4 |
| mit Schneeketten | bis 0,6 |
| Eis | 0,05 – 0,15 |
| mit Schneeketten | bis 0,5 |

Für unsere Berechnung können wir die Paarung Reifen/Beton (µH = 0,85) auswählen, sie kommt den Verhältnissen am Hütten- und Stangenstich am nächsten. Das Gewicht G setzt sich aus der Summe der Radlasten der angetriebenen Achsen zusammen.

Achtung: Da der 964 W254 mit einem VG 3000 ausgestattet ist, wird er zuerst einmal wie ein 6x4-Fahrzeug behandelt, die Vorderachse wird in diesem Falle also nicht zugeschaltet, der Antrieb erfolgt also nur über die Hinterachsen.

## 12.2 Der Dreiachs-Kipper mit der Antriebsformel 6x4

In diesem und dem nächsten Kapitel beantworten wir die Frage, welche Zugkräfte können von einem 6x4- bzw. einem 6x6-Kipper maximal übertragen werden können. Anschließend werden Fahrwiderstand, maximal mögliche und die vom Motormoment zur Verfügung gestellte vorhandene Zugkraft gegenübergestellt.
Beim oben genannten 964 W254 entfallen bei einem Gesamtgewicht von rund 35 Tonnen auf die Vorderachse 7,7 Tonnen und auf die Hinterachsen die restlichen rund 26 Tonnen. Somit wird bei der Berechnung der übertragbaren Zugkraft für den Wert G die Hinterachslast von 26 Tonnen eingesetzt. Der Steigungswinkel ist nach wie vor $\alpha = 24{,}2°$ (45%), der $\cos\alpha = \cos 24{,}2° = 0{,}91$

Daraus folgt nun:

$$\mathbf{F_z max = 0{,}85 \times 26\ t \times 0{,}91 = 20{,}1\ t}$$

Das bedeutet, dass eine Zugkraft von 20 Tonnen von den Rädern der Antriebsachsen übertragen werden kann und die auch noch gut ausreicht, die Fahrwiderstände mit 14,2 Tonnen zu überwinden. Allerdings weist die Berechnung einen Fehler auf, denn die dynamische Achslastverlagerung in der Steigung ist nicht berücksichtigt worden.

Die Frage lautet also nun: »Wie viel Gewicht von der Vorderachse muss auf die Hinterachsen zugeschlagen werden?«
Die dynamische Achslastverlagerung kann mit folgender Formel berechnet werden:

$$GV_{dyn} = \frac{1}{l} \times (FG \times \cos\alpha \times sH - FG \times \sin\alpha \times h)$$

sowie

$$GH_{dyn} = \frac{1}{l} \times (FG \times \cos\alpha \times sV + FG \times \sin\alpha \times h)\ .$$

Darin bedeuten nun:

$GV_{dyn}$, $GH_{dyn}$ = dynamische Achslast an der Vorderachse bzw. Hinterachse(n)

FG = Gesamtgewicht
l = Radstand von der Vorderachse bis zur Mitte der beiden Hinterachsen
sV, sH = Abstand Fahrzeug-Schwerpunkt in Längsrichtung zur Vorderachse bzw. Mitte beider Hinterachsen
h = Abstand Fahrzeug-Schwerpunkt zu Boden (in z-Richtung)
$\alpha$ = Steigungswinkel

Schwierig ist jetzt aber die Bestimmung der Größe h. Diese kann nur durch Wägung ermittelt werden und ist mit einem hohen Material- und Kapazitätsaufwand verbunden.
Aus diesem Grund habe ich mich zu einer anderen Methode entschlossen, die dynamischen Achslasten zu bestimmen – und zwar durch Messung der Vorderachslast in der Steigung.

Im konkreten Fall haben nun einen 6x6-Kipper mit 33,5 Tonnen Gesamtgewicht und 7,7 Tonnen Vorderachslast in die 40-Prozent-Steigung des EVZ gestellt. Mit unserem Abschleppwagen wurde der Kipper nun am Koppelmaul hochgezogen und zwar so weit, bis die Vorderachse vom Boden abhob (siehe Abbildung).
Mit einer Messeinrichtung, die in der Zugkette integriert war, konnte die Zugkraft abgelesen werden die aufgebracht werden musste, um das Fahrzeug anzuheben (siehe Abbildung). Unter Berücksichtigung der Hebelwirkung ließ sich nun die Last berechnen, die auf der Vorderachse lastet.
Diese Vorderachs-Last (VA-Last) berücksichtigt natürlich nicht den dynamischen Anteil, aber zumindest gibt sie einen guten Hinweis wie sich die VA-Last in der Steigung statisch verändert. Die dynamische Achslast wird auf jeden Fall geringer als die statische Achslast.

Wie auf den Abbildungen zu erkennen ist, war eine Kraft von knapp 1900 Kilogramm notwendig, um die Vorderachse vom Boden anzuheben.
Umgerechnet ergibt sich schließlich eine Last von 2600 Kilogramm, die in dieser Steigung noch auf der Vorderachse lastet. Von den ursprünglichen 7700 Kilogramm im ebenen Zustand bleiben also nur noch etwas weniger als 35 Prozent übrig.
Bei einem zweiten Versuch mit neun Tonnen Vorderachslast ermittelten wir umgerechnet noch eine verbliebene Rest-Last von 3760 Kilogramm, was etwas mehr als 40 Prozent von der Ausgangs-Nennlast entspricht. Bei der ursprünglichen Nennlast von

**Methode zur Berechnung der Vorderachslast (VA-Last): Der 6x6-Kipper (Typ 964 W251) wird am Koppelmaul angehoben, die Räder der Vorderachse sind frei.**

7,7 Tonnen verblieb noch eine statische Rest-Vorderachslast von 2600 Kilogramm. Wie hoch ist jetzt aber die dynamische Rest-Vorderachslast?

Diese Frage kann ansatzweise durch folgende Beobachtung geklärt werden:
Beim Befahren der Steigung federt das Fahrzeug über der VA aus und beim Anhalten in der Steigung sogar so weit, dass die Vorderräder leicht den Bodenkontakt verloren. Das heißt, die dynamische Achslast liegt deutlich unter der statischen Achslast, beträgt wahrscheinlich nur wenige hundert Kilo. Für die weiteren Berechnungen gehen wir von einer dynamischen Vorderachs-Last von 0,5 Tonnen aus. (Diese 500 Kilogramm sind allerdings noch »gut« gerechnet, beträgt die maximale Steigung in den Erprobungsstichen doch 45 Prozent).
Für die Hinterachsen bedeutet dies wiederum, dass sie mit 33 Tonnen belastet werden.

Verrechnet mit dem Kraftschlussbeiwert und dem Steigungsanteil stellt sich bei einer dynamischen Hinterachs-Last von 33 Tonnen eine übertragbare Zugkraft $F_Z$ von

**$F_Z = 33$ t x 0,85 x cos 24,2° = 25,5t** ein.

Rest-Vorderachslast von 2740 kg beim Anheben der Vorderachse mit neun Tonnen Ausgangsgewicht.

Die Messwert-Anzeige beträgt nun 1886 Kilogramm.

Der 6x6-Kipper in der 40-Prozent-Steigung mit deutlicher Ausfederung über der Vorderachse.

Unter Berücksichtigung der dynamischen Achslastverlagerung liegt die übertragbare Zugkraft nur knapp unter der vom Motor abgegebenen maximalen Antriebskraft $F_A$ von 27,5 Tonnen.
Messungen im Sauberg haben ergeben, dass das maximale Motormoment von 2400 Nm nur zum Anfahren in der Steigung angefordert wird. Beim Durchfahren der Steigungen liegen dagegen nur 60 bis 70 Prozent des maximalen Moments an. Dies wird nun bei den weiteren Betrachtungen berücksichtigt.

Setzen wir in die obige Formel für $F_A$ nur 60 Prozent des maximalen Motormoments ein (=1440 Nm), so erhalten wir eine Antriebskraft von 16,5 Tonnen, die immer noch ausreicht, um die Fahrwiderstände von 14,2 Tonnen zu überwinden.
Und der nun noch größere Abstand zur übertragbaren Zugkraft von 25,5 Tonnen gewährleistet, dass bei sich verändernden Kraftschlüssen immer noch genügend Traktion vorhanden ist.
Gilt das auch für regennassen Beton? Bei nassem Beton muss im schlechtesten Fall von einem Haftreibungsbeiwert von 0,5 ausgegangen werden. Dies hätte dann eine übertragbare Zugkraft von 15,0 Tonnen zur Folge. Dieser Wert liegt zwar noch über dem Wert der benötigt wird, die Fahrwiderstände zu überwinden, aber unterhalb der Antriebskraft aus 60 Prozent Motormoment.

Für den besseren Überblick und um die gegenseitigen Abhängigkeiten sich noch einmal genauer vor Augen zu führen, stelle ich die letztlich berechneten Werte gegenüber:

| | |
|---|---|
| **Vom Motor erzeugte Antriebskraft $F_A$ (60 Prozent des max. Motormoments):** | **16,5 t** |
| **Übertragbare Zugkraft $F_Z$ bei µH von 0,5:** | **15,0 t** |
| **Gesamt-Fahrwiderstand $F_W$:** | **14,2 t** |

Dem Fahrer steht somit nur dieser schmale Korridor zwischen benötigter und übertragbarer Zugkraft zur Verfügung, in dem er sich mit seinem Motormoment bewegen kann – und dieser liegt zwischen 52 und 55 Prozent des maximalen Moments.
Um die Steigung zu bezwingen, muss der Fahrer also äußerst sensibel mit dem Gaspedal umgehen, sodass einerseits die Räder gerade nicht durchrutschen, andererseits aber der Motor nicht abstirbt. Der »sensible Gasfuß« wird auch mit dem Blick auf die Drehmomentkurven bestätigt. Am Beispiel des im 964 W254 verbauten Motors OM 471 zeigt sich, dass die Motoren schon im niedrigen

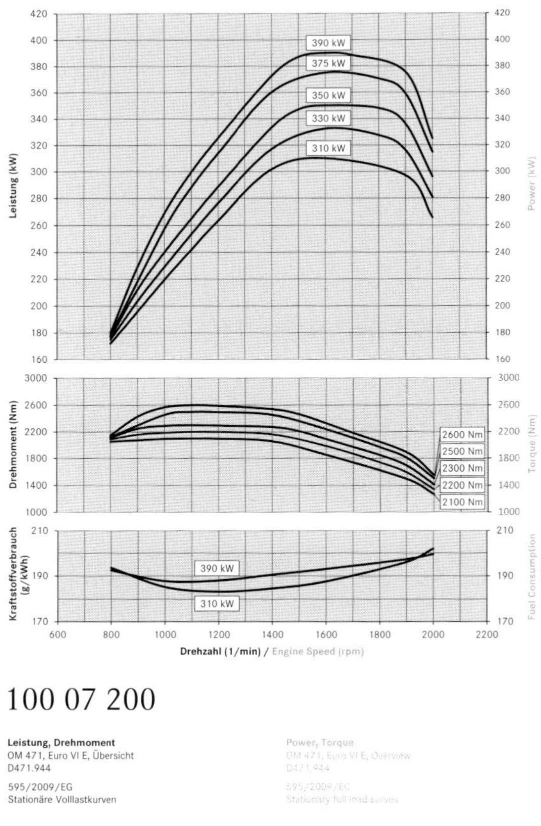


Motorkennlinien des Motors des Typs OM 471 wie er im Mercedes-Benz Arocs verbaut ist.

**6x6-Kipper des Typs 964 W254 mit großem Radeinschlag am Beginn der Steigungsstrecke.**



Drehzahlbereich ein enormes Drehmoment zur Verfügung stellen. Das maximale Motormoment liegt hier zwischen 1000 bis 1400 U/min. Bei den Motoren OM 502 LA des Vorgängertyps Actros lag das maximale Motormoment in einem etwas kleineren Drehzahlfenster zwischen 1000 bis 1200 U/min. Die Leerlaufdrehzahl der Motoren pendelt zwischen 600 und 700 U/min. Dem Fahrer steht also ein Drehzahlband von maximal 600 U/min zur Verfügung.

Und dieser Drehzahlbereich reduziert sich nochmals deutlich, wenn eine Momentenanforderung von maximal 55 Prozent verlangt wird.

Messungen des Motor-Istmoments ergaben, dass allein schon bei der Anfahrt des Stangenstichs mindestens 50 Prozent Motormoment benötigt werden, um die Fahrwiderstände zu überwinden (Steigung 20 Prozent, Achsverzwängungen und Betonabsätze erhöhen den Rollwiderstand zusätzlich). Bei einer Momentenanforderung zwischen 50 und 55 Prozent stellt sich eine Drehzahl ein, die nur geringfügig über der Leerlaufdrehzahl liegt. Und eben dies erfordert einen feinfühligen Umgang mit dem Gaspedal. Mit diesen Betrachtungen konstatieren wir, dass der 6x4 die 45-Prozent-Steigung also gerade noch bezwingen kann.

Dem Kraftschluss kommt eine große Bedeutung zu, schon geringe Veränderungen im Kraftschlussverhalten entscheiden darüber, ob das Fahrzeug die Steigung bewältigt oder nicht.

Neben dem Kraftschluss können sich aber auch andere Parameter ändern, die die Kräfte am Rad entscheidend beeinflussen.

Zum einen ist die übertragbare Zugkraft $F_Z$ auch durch Radlastschwankungen Änderungen unterworfen. Zum anderen kann sich auch die Antriebskraft $F_A$ durch ein höheres erforderliches Motormoment aufgrund größer werdender Fahrwiderstände verändern.

Ein höherer Rollwiderstand ergibt sich beispielsweise durch das Einlenken in die Kurve am Ende des Hütten- oder Stangenstichs oder beim Überfahren einer kleinen Bodenunebenheit.

Die Radlasten sind auf dem Sauberg nie konstant, bedingt durch die Topografie des Geländes verändern sie sich laufend.

Das führt dann dazu, dass auf einem unebenen Teilstück das einfedernde Rad belastet, das ausfedernde Rad entlastet wird. Schon geringe Ausfederungen haben zur Folge, dass die notwendige Radlast nicht mehr aufgebracht werden kann, das Rad schleudert durch (siehe auch Kapitel 6). Die Abhilfe lautet also: Die Längssperren müssen betätigt werden.
Damit verteilen sich die Zugkräfte entsprechend den Radlasten. Das höher belastete Rad muss die überschüssige Antriebskraft des weniger belasteten Rades mit aufnehmen.
Ein »reinrassiger« 6x4-Kipper (ohne Verteilergetriebe) ist also mit Hilfe der Längssperre in der Lage die Steigungen im Sauberg zu bezwingen.
Dies trifft auf jeden Fall dann zu, wenn die Bodenverhältnisse so sind, dass der Kraftschlussbeiwert über 0,5 liegt.

Leider sind diese idealen Voraussetzungen nicht immer vorhanden:
Vermischen sich bei Regen Felsstaub und Reifenabrieb miteinander, so verringert sich der Kraftschluss, die Haftreibungszahl sinkt unter Umständen sogar unter 0,5.
Schon bei einer Verringerung um den Faktor 0,1 kann nur noch eine Zugkraft von

$$\mathbf{F_Z = 33\ t \times 0{,}4 \times 0{,}91 = 12{,}0\ t}$$

übertragen werden. Damit ist nicht einmal der Wert erreicht, den man benötigt, um die Fahrwiderstände in Höhe von 14,2 Tonnen zu überwinden.

Wie sehen die Traktionsverhältnisse nun aber beim Allradkipper aus, gewinne ich mehr an übertragbarer Zugkraft, wenn die Vorderachse mit antreibt? Betrachten wir unseren 964 W254, ausgestattet mit dem Getriebe VG 3000 und, wie wir gelernt haben, durch Einlegen der Längssperren vom 6x4- zum 6x6-Allradkipper transformierbar.

## 12.3 Der Dreiachs-Kipper mit der Antriebsformel 6x6

Wie bereits im Kapitel 7 erwähnt, wird das vom Motor abgegebene Moment im Verteilergetriebe auf die Vorderachse und Hinterachse verteilt: im VG 2800 aufgrund des Planetenradsatzes im festen Verhältnis 1: 3,2.
Im VG 3000 gibt es, wie bereits bekannt, keinen Planetensatz, der die Momente in einem bestimmten Verhältnis auf die Vorderachse und die Hinterachsen aufteilt.
Mit dem Zuschalten der Vorderachse wird gleichzeitig die Längssperre aktiviert und die Momentenverteilung stellt sich entsprechend den Radlasten ein.

Für den Actros des Typs 964 W254 bedeutet dies, dass die vom Motor erzeugte Antriebskraft $F_A$ von 16,5 Tonnen aus 60 Prozent des maximalen Motormoments auf die Hinterachsen und die Vorderachse verteilt wird.
Wenn wir nun von einer dynamischen Vorderachs-Last von 0,5 Tonnen ausgehen, dann kann die Vorderachse bei dem niedrigen Haftreibungsbeiwert von 0,4 gerade noch 0,2 Tonnen übertragen.
Addiert mit der an den Hinterachsen übertragbaren Zugkraft von 12,0 Tonnen ergeben sich maximal übertragbare 12,2 Tonnen, die aber auch deutlich unter dem Fahrwiderstandswert liegen.

In unserem Fall heißt dies also:
Auch als 6x6 sind bei äußerst schlechten Kraftschlussbedingungen die Steigungen im Sauberg- Gelände nicht zu bewältigen, mindestens ein Rad pro Achse würde durchdrehen. Eine letzte Reserve ist allerdings noch in Gestalt der Quersperren vorhanden. Wenn die Bodenverhältnisse variieren, also beispielsweise durch das Vorhandensein von griffigeren Teilstücken aufgrund weniger befahrener Fahrspuren, dann hilft die Quersperre weiter.

Gehen wir von der einfachen Annahme aus, dass eine Seite den niedrigen Haftreibungswert von 0,4 besitzt, die andere Seite griffiger ist (µSplit – Fall). Nun können wir den »guten« µ-Wert bei nassem Beton von 0,7 ansetzen.
Wir halbieren nun die Achslasten und berechnen die übertragbare Zugkraft der einen Seite mit 0,4, der anderen mit 0,7. Die Rechnung lautet dann:

**Linke Seite $F_Z L$ = 16,75 t x 0,4 x 0,91 = 6,1 t**
**Rechte Seite: $F_Z R$ = 16,75 t x 0,7 x 0,91 = 10,7 t.**

Addieren wir nun beide Werte, so liegen wir, wenn auch nur leicht, über dem Betrag, den der Motor als Antriebskraft bereitstellt (16,8 Tonnen zu 16,5 Tonnen). Da wir auch über dem Fahrwiderstand von 14,2 Tonnen liegen, könnten wir die Steigung mit einem feinfühligen Gasfuß noch bezwingen.

Wenn wir aber annehmen, dass unter jedem Rad die gleiche geringe Haftreibung von 0,4 besteht, dann hilft auch die Quersperre nicht weiter und alle Räder würden durchdrehen.
Diese theoretische Betrachtung ist nun keineswegs praxisfremd, sondern genau diesen Fall haben wir auf dem Sauberg das ein oder andere Mal schon wie folgt erlebt:
Das Fahrzeug fährt in die Steigung hinein, der Fahrer hat in Anbetracht der widrigen Bodenverhältnisse Längs- und Quersperren vorher schon eingelegt. Daher kommt er etwa bis zur Hälfte der Steigung, wo dann plötzlich die Räder anfangen zu »scharren« – das Fahrzeug bewegt sich nun keinen Millimeter mehr vorwärts.
Dem Fahrer bleibt nun nichts anderes mehr übrig als den Fuß vom Gas zu nehmen und auf die Bremse zu treten. Wenn er Glück hat, bleibt das Fahr-

Arocs-6x6-Kipper (Typ 3345 AK) bei einer Pressevorführung.

**6x6-Kipper 964 W254 mit zugeschalteter Vorderachse.**

zeug stehen, in den meisten Fällen aber rutscht es, mehr oder weniger kontrolliert, nach unten (der Gleitwert ist meistens kleiner als der Haftreibungswert).

Wo aber liegen nun die Vorteile des Allrads? Setzen wir eine trockene Fahrbahn voraus und muss der Kipper die Steigung rückwärts hochfahren, dann hilft die angetriebene Vorderachse bereits ungemein weiter.
Die Entlastung der Hinterachsen können wir mit Hilfe der Formel im vorigen Kapitel 12.2 berechnen:

$$GV_{dyn} = \frac{1}{l} \times ( FG \times \cos\alpha \times sH - FG \times \sin\alpha \times h )$$

Setzen wir für $GV_{dyn}$ die experimentell ermittelte Rest-Vorderachslast von 2610 Kilogramm ein und lösen die obige Gleichung nach der Schwerpunkthöhe h auf, so ermitteln wir einen Wert von h = 1,52 m. Eingesetzt in der Formel:

$$GH_{dyn} = \frac{1}{l} \times ( FG \times \cos\alpha \times sV + FG \times \sin\alpha \times h ) .$$

ergibt sich eine Rest-Hinterachslast $GH_{dyn}$ von 19,75 Tonnen. Für die Vorderachse heißt dies, dass sie mit etwas mehr als sechs Tonnen zusätzlich belastet wird.
Betrachten wir nun zuerst den Nicht-Allrad-Fall: Mit der errechneten Rest-Hinterachslast von rund 20 Tonnen und einem Haftreibungsbeiwert von µ = 0,85 (Beton, trocken) kann beim 964 W254 als 6x4-Kipper eine Zugkraft von

$$\mathbf{F_Z = 20\ t \times 0{,}85 \times 0{,}91 = 15{,}5\ t}$$

abgesetzt werden. Allerding muss dann die zur Verfügung gestellte Antriebskraft auf 50 bis 55 Prozent des maximalen Motormomentes reduziert werden. Damit könnte der Stangenstich mit seinen maximal 45 Prozent Steigung bei einem Fahrwiderstand von 14,2 Tonnen zwar noch bezwungen werden, kleinste Veränderungen im Rad- bzw. Steigungswiderstand oder beim Kraftschluss können die Traktion aber entscheidend (negativ) beeinflussen. Allein das Fahren auf nassem Untergrund ($\mu = 0,7$) wäre nicht mehr möglich.

In der nächsten Betrachtung widmen wir uns dem 964 W254 als Allrad-Kipper:
Hilft jetzt die Vorderachse mit, so ist das gesamte Fahrzeuggewicht an der übertragbaren Zugkraft beteiligt. Da wir von einem Ggesamtgewicht von 33,5 Tonnen ausgehen beträgt die übertragbare Zugkraft

**$F_z = 33{,}5\ t \times 0{,}85 \times 0{,}91 = 25{,}9\ t$.**

Damit kann die vom Motor erzeugte Antriebskraft von 16,5 Tonnen ohne Probleme übertragen werden. Auch bei nasser Oberfläche ist ein Weiterkommen kein Problem.

Noch ein Wort zum Gewicht:
Betrachten wir unseren Dreiachs-Kipper nun noch statt mit 33,5 Tonnen Gesamtgewicht mit dem zulässigen Straßengewicht von 26 Tonnen. Dabei entfallen auf die Vorderachse rund 7,0 Tonnen und auf die Hinterachsen 19,0 Tonnen.
Wir lassen nun den Dreiachser den Stangenstich mit 45 Prozent Steigung wieder rückwärts hochfahren und berücksichtigen gleich die dynamische Achslastverlagerung, für die wir einen Wert von rund fünf Tonnen annehmen.
Sind nur die Hinterachsen angetrieben und rechnen wir mit einer Rest-Hinterachslast von 14 Tonnen, so beträgt die übertragbare Zugkraft

**$F_z = 14\ t \times 0{,}85 \times 0{,}91 = 10{,}8\ t$**

Bei 26 Tonnen Gesamtgewicht ergibt sich ein Fahrwiderstand

**$F_W = 26\ t \times (0{,}014 + \sin 24{,}2°) = 26\ t \times (0{,}014 + 0{,}41) = 11{,}0\ t$**

Der Vergleich der beiden Werte zeigt, dass der Fahrwiderstand geringfügig größer ist als die übertragbare Zugkraft. Dies bedeutet aber, die übertragbare Zugkraft ist nicht in der Lage, die Fahrwiderstände zu überwinden.
Selbst wenn das Motormoment so weit reduziert werden könnte, dass es gerade ausreicht den Fahrwiderstand von 11,0 Tonnen zu überwinden (die Motordrehzahl müsste sich im Bereich der Leerlaufdrehzahl einpendeln), kann die Zugkraft nicht übertragen werden.
Ergo: die Hinterachsräder geraten in 100-prozentigen Schlupf und drehen durch. In der Praxis ist dies deutlich zu erkennen am schwarzen Reifenabrieb auf dem felsigen Untergrund.

**Fazit:**
Mit einem normal ausgeladenen Dreiachs-Kipper schaffen wir es nicht, den Stangenstich rückwärts hinauf zu fahren. Mit einem überladenen Kipper mit mehr Hinterachslast dagegen ist dieses Unterfangen – beste Haftverhältnisse vorausgesetzt – gerade noch möglich.
Und auch hier gilt: Mit einer zusätzlich angetriebenen Vorderachse ist die Steigung problemlos zu bezwingen:
Für die übertragbare Zugkraft können wir wieder das gesamte Gewicht einsetzen. Dann ist

**$F_z = 26\ t \times 0{,}85 \times 0{,}91 = 20{,}1\ t$**

Damit liegen wir deutlich über der angebotenen Zugkraft von 16,5 Tonnen aus 60 Prozent Motormoment.
Bei nassem Beton ($\mu = 0,7$) liegt die übertragbare Zugkraft ebenfalls noch deutlich über dem Fahr-

widerstandswert, wir müssen die Antriebskraft dann jedoch auf 55 Prozent des Motormoments reduzieren.
In den Tabellen 4 und 5 sind diese berechneten Werte nochmals der Übersicht halber zusammengefasst.
Grundsätzlich sind die Vorteile des Allradantriebs aber ohnehin eher in der Überwindung von hohen Rollwiderständen in der Ebene zu sehen, wie etwa beim Fahren über losen Sand, wenn die Vorderachse ihre gesamte statische Achslast zum Übertragen von Zugkräften einbringen kann.
Betrachten wir jetzt noch ein weiteres Fahrzeug, wenden wir uns dem »Baustellen-Primus« zu – dem 8x8-Kipper.
Welche Kräfte wirken bei ihm, wie verhält er sich in den Steigungsstrecken des Saubergs?

## 12.4 Der Vierachs-Allradkipper 8x8

Ebenso wie der 6x6- Kipper 964 V54 war der 8x8-Kipper 964 V57 als Erprobungsfahrzeug auf dem Sauberg eingesetzt.
Beim 964 V57 handelt es sich um ein stärker motorisiertes Fahrzeug aus der Actros-Familie, seine genaue Bezeichnung lautet 4145 AK/48,5. Bei der bei Sauberg-Erprobung wurde dieses Fahrzeug mit einem Gesamtgewicht von 45 Tonnen bewegt (Hinterachsen: 2 x 13,5 Tonnen, Vorderachsen: 2 x 9,0 Tonnen).

Die für die Berechnung der an den Rädern wirkenden Antriebskraft notwendigen Daten lauten nun wie folgt:

- Motor: OM 471 mit 449 PS und einem max. Motormoment von 2200 Nm

**Tabelle 4: Rückwärtsfahrt 6x4-Kipper in 45%-Steigung**

| Gesamtgewicht | Kraftschlussbeiwert µH | Fahrwiderstand $F_W$ | Übertragbare Zugkraft $F_Z$max | 50 bis 60% Antriebskraft $F_A$ | Bemerkung |
|---|---|---|---|---|---|
| 33,5 t | 0,85 | 14,2 t | 15,5 t | 15,1 t (55%) | Steigung befahrbar |
| 33,5 t | 0,7 | 14,2 t | 12,7 t | 13,8 t (50%) | Steigung nicht befahrbar |
| 26 t | 0,85 | 11,0 t | 10,8 t | 13,8 t (50%) | Steigung nicht befahrbar |
| 26 t | 0,7 | | | | Steigung nicht befahrbar |

**Tabelle 5: Rückwärtsfahrt 6x6-Kipper in 45%-Steigung**

| Gesamtgewicht | Kraftschlussbeiwert µH | Fahrwider-Stand $F_W$ | Übertragbare Zugkraft$F_Z$max | 50 bis 60% Antriebskraft $F_A$ | Bemerkung |
|---|---|---|---|---|---|
| 33,5 t | 0,85 | 14,2 t | 25,9 t | 16,5 t (60%) | Steigung befahrbar |
| 33,5 t | 0,7 | 14,2 t | 21,3 t | 16,5 t (60%) | Steigung befahrbar |
| 26 t | 0,85 | 11,0 t | 20,1 t | 16,5 t (60%) | Steigung befahrbar |
| 26 t | 0,7 | 11,0 t | 16,5 t | 15,1 t (55%) | Steigung befahrbar |

8x8-Vorführkipper des Typs 932 W 178.



- Getriebe : G 230- 16/ 14,2- 0,83
- Achsübersetzung : i= 4,143
- Verteilergetriebe: VG 2800 (iSTR=1,037, iGel = 1,447)
- Bereifung: 315/ 80 R 22,5 ( $r_{dyn}$= 522 mm, U= 3281 mm)
- Wirkungsgrad η: 0,85

Berechnen wir zuerst die sich aus dem maximalen Motormoment ergebende Antriebskraft $F_A$ nach der Formel:

$$F_A = \frac{Md \times iGes \times \eta}{r_{dyn}} = \frac{Md \times iG \times iVG \times iA \times \eta}{r_{dyn}}$$

$$F_A = \frac{2200\ Nm \times 14{,}2 \times 1{,}447 \times 4{,}143 \times 0{,}85}{0{,}522\ m}$$

$$= 304\ 960\ N = 31{,}0\ t$$

Wird im Verteilergetriebe gleich der Geländegang geschaltet, so erreichen wir die obig berechnete Antriebskraft. Ist der Straßengang eingelegt, so reduziert sich die Antriebskraft auf 22,2 Tonnen.

Setzen wir statt des maximalen Motormoments nur 60 Prozent der Leistung ein, so ergeben sich folgende Antriebskräfte:
Im Geländegang 18,6 Tonnen und im Straßengang 13,3 Tonnen. Zusammengefasst gehen wir also von folgenden Antriebskräften aus:
Die erforderliche Zugkraft zur Überwindung der Fahrwiderstände in der 45-Prozent-Steigung wird nach der Formel

$$F_W = G \times (fR \times \cos\alpha + \sin\alpha)$$

berechnet. Mit eingesetzten Werten ergibt sich daraus

$$F_W = 45\ t \times (0{,}015 \times \cos 24{,}2° + \sin 24{,}2°) = 19{,}1\ t$$

| | Im Straßengang | Im Geländegang |
|---|---|---|
| Zugkraft $F_A$ bei max. Motormoment | 22,2 t | 31 t |
| Zugkraft $F_A$ bei 60% Motormoment | 13,3 t | 18,6 t |

Der 8x8-Vorführkipper bei der Rückwärtsfahrt im 65-Prozent-Stich, ausgelastet auf 32 Tonnen.

Beim Blick auf die oben gezeigte Tabelle fällt auf, dass sowohl im Straßen- als auch im Geländegang die 60 Prozent des Motormoments nicht ausreichen, um die Fahrwiderstände zu überwinden.
Die Rechnung verrät, dass im Straßengang mindestens 90 Prozent des Motormomentes anliegen müssen, im Geländegang sind es immer noch rund 65 Prozent.
Daraus ist nun leicht zu sehen, dass es durchaus sinnvoll sein kann, gleich den Geländegang zu benutzen, um gegebenenfalls noch auf gewisse Reserven nach oben zurück greifen zu können.
Jetzt muss noch die Frage beantwortet werden, welche Zugkräfte überhaupt abgesetzt werden können? Dazu wenden wir die Formel

$$F_z max = \mu H \times G \times \cos\alpha$$

an.

Da der 8x8 im Gegensatz zum berechneten 6x6-Kipper das Getriebe des Typs VG 2800 besitzt, somit also in die Kategorie »permanenter Allradantrieb« fällt, kann für das Gewicht die Summe aller Achslasten eingesetzt werden. Daraus folgt:

$$F_z max = 0{,}85 \times 45\ t \times \cos 24{,}2° = 34{,}9\ t.$$

Daraus sehen wir, dass bei guter Haftung selbst das maximale Motormoment abgesetzt werden kann. Klar ist auch, dass nur mit der Längssperre die guten Traktionseigenschaften genutzt werden können, denn schon bei geringen Radlastschwankungen besteht die Gefahr, dass ein Vorderrad in der Steigung durchdreht und das Fahrzeug zum Stehen kommt. Wie beim 6x6-Kipper sorgen bei der Rückwärtsfahrt auch beim 8x8 die angetriebenen Vorderachsen für den notwendigen Traktionsgewinn.
Doch auch dem 8x8 sind Grenzen gesetzt: Gehen

wir von widrigen Bodenverhältnissen aus und setzen wie beim 6x6 einen Kraftschluss-Beiwert von 0,4 voraus, so kann nur noch eine Zugkraft von 16,4 Tonnen übertragen werden.
Da dieser Wert unter dem Fahrwiderstandswert $F_W$ von 19,1 Tonnen liegt, kann der 8x8-Kipper die 45-Prozent-Steigung nun bereits nicht mehr überwinden.
Auch hier zeigt sich wieder, dass die Kraftschlussverhältnisse eine wesentliche Rolle spielen. Schon eine geringfügige Steigerung des µ-Wertes von 0,4 auf 0,5 bringt den entscheidenden Vorteil:
Die übertragbare Zugkraft liegt jetzt bei 20,5 Tonnen und damit über der Zugkraft von 19,1 Tonnen, die erforderlich ist, die Fahrwiderstände zu überwinden.
Wenden wir uns nun auch noch dem 8x6-Kipper zu, der in dieser Achskonfiguration auf Baustellen ebenfalls häufig anzutreffen ist.

## 12.5 Der Vierachs-Allradkipper 8x6

Um den 8x8 mit dem 8x6 direkt vergleichen zu können, gehen wir von den gleichen technischen Daten wie beim 8x8-Kipper des Typs 964 V57 aus der Actros-Famile aus.
Somit ergeben sich für den 8x6 die gleichen Antriebskräfte und Fahrwiderstände:

Fahrwiderstand $F_W = 19{,}1$ t
und Antriebskraft $F_A = 31{,}0$ t

Der Unterschied liegt in den Zugkräften, die über die Räder abgesetzt werden können.
Da beim 8x6 die zweite Vorderachse nicht angetrieben ist, kann sie auch keine Zugkräfte absetzen.
So können also in der Formel

$$F_Z max = \mu H \times G \times \cos\alpha$$



Beim 8x6-Kipper des Typs 964 V166 ist nur die erste Vorderachse angetrieben.

also nur die Achslasten der ersten Vorderachse und der beiden Hinterachsen für das Gewicht G eingesetzt werden (die dynamische Achslastverlagerung lassen wir im ersten Schritt außen vor). Bei einem Gesamtgewicht von 45 Tonnen entfallen auf die beiden Vorderachsen jeweils rund neun Tonnen.

**$F_Z$max = 0,85 x 36 t x cos 24,2° = 27,9 t**
(beim 8x8 war $F_Z$max= 34,9 t)

Wir erkennen damit sehr schnell, dass der 8x6 nicht in der Lage ist, das gesamte maximale Motormoment auf den Boden zu bringen (die maximale Zugkraft beträgt 31 Tonnen). Allerdings reicht die angebotene Zugkraft locker aus, um die Fahrwiderstände von 19,1 Tonnen zu überwinden.

Berücksichtigen wir nun die dynamische Achslastverlagerung: Bei der Messung der Rest-Vorderachslast beim 6x6 in der 40-Prozent-Steigung haben wir bei einer Ausgangslast von 7,5 Tonnen noch 500 Kilogramm für den dynamischen Anteil angenommen. Bei neun Tonnen Vorderachslast erhöht sich dieser dynamische Anteil um rund eine Tonne (siehe Kapitel 12.2).
Ausgehend von diesen Messungen und den Beobachtungen auf dem Sauberg können wir beim Vierachser ebenfalls diese Werte annehmen, sodass wir für die erste Vorderachse eine dynamische Rest-Vorderachslast von 1,5 Tonnen ansetzen können.
Die zweite Vorderachse hingegen hat deutlich mehr Druck. Beim Vergleich der Ausfederwege zeigt die Ausfederung über der ersten Vorderachse einen deutlich höheren Wert als die nachgelagerte zweite Vorderachse.
Lasten auf der ersten Vorderachse noch 1,5 Tonnen, so besitzt die zweite Vorderachse noch mindestens eine dynamische Rest-Vorderachslast von drei Tonnen.
Für die Berechnung der Zugkraft heißt dies nun, dass diese drei Tonnen der nicht angetriebenen zweiten Vorderachse nicht berücksichtigt werden können. In die Rechnung gehen somit nur die Achslasten der ersten Vorderachse und der Hinterachsen ein.
Mit dieser Erkenntnis ergibt sich eine maximal übertragbare Zugkraft von:

**$F_Z$max = 0,8 x 42 t x cos 24,2°(=0,91) = 30,6 t**

Die 45-Prozent-Steigung ist damit also problemlos zu bewältigen.

Reduzieren wir nun jedoch den Kraftschlussbeiwert μH auf 0,5 wie beim 8x8, so sehen wir, dass der 8x6 im Gegensatz zum 8x8 die Steigung nicht mehr bewältigen kann – die übertragbare Zugkraft muss größer als der Fahrwiderstand sein:

**$F_Z$max = 0,5 x 42 t x cos 24,2° = 19,1 t**
(der Fahrwiderstand $F_W$ beträgt 19,1 t)

Betrachten wir jetzt noch den Extremfall – das Überfahren einer Kuppe:
Generell fällt beim Vierachser auf, dass er beim Überfahren einer Kuppe die erste Vorderachse so weit entlastet, dass diese oft komplett vom Boden abhebt.
Durch die Längssperre wird die »verlorene« Vorderachs-Last von den Hinterachsen aufgenommen und kann zur Übertragung der Zugkraft beitragen. Allerdings ist jetzt zu berücksichtigen, dass in solch einer extremen Situation die zweite Vorderachse einen erheblichen Anteil der ersten Vorderachse übernehmen muss (der Achslastausgleich ist in diesem sehr speziellen Fall natürlich nicht mehr wirksam!). Hängt die erste Vorderachse solcherart frei, so lasten auf der zweiten Vorderachse zusätzlich 80 bis 90 Prozent der Last der ersten Vorderachse. In diesem Fall können also nur zehn bis 20 Prozent der ersten Vorderachse auf die Hinterachsen hinzu addiert werden.
Rechnen wir also mit 20 Prozent, dann werden die

MAN TGS 35.470-Kipper bei einer Pressevorführung. Beim Überfahren der Kuppe wird die erste Vorderachse stark entlastet, die zweite Vorderachse dagegen belastet. (Foto: MAN)



Hinterachsen mit rund zwei Tonnen mehr belastet. Insofern können wir für die maximal übertragbare Zugkraft nur ein Gewicht von 2 x 13,5 Tonnen Hinterachslast plus zwei Tonnen an der ersten Vorderachse berücksichtigen:

$$\mathbf{F_z max = 0{,}8 \times 29\ t \times \cos 24{,}2° = 21{,}1\ t.}$$

Da dieses Ergebnis über dem Fahrwiderstandswert von 19,1 Tonnen liegt, kann die Kuppe überfahren werden.

Aber bereits eine Verringerung der Haftreibungszahl auf 0,7 lässt den 8x6 an der Kuppe scheitern (die übertragbare Zugkraft beträgt dann nur noch 18,5 Tonnen). Hier fehlen nun die restlichen 80 Prozent der zweiten Vorderachse, die zwar eine ausreichende Bodenhaftung aufweisen, aber – da nicht angetrieben – keine Zugkräfte übertragen können. Aus dieser Erkenntnis heraus lässt sich nun ableiten, dass der 8x6 gegenüber dem 8x8 im Nachteil ist und gegenüber einem 8x4 im Prinzip keinen nennenswerten Vorteil besitzen würde.

Tatsache ist, dass beim 8x4 (gleicher Radstand vorausgesetzt) die gleiche Achslast-Verlagerung auf die Hinterachsen stattfindet wie beim 8x6. Den Vorteil der angetriebenen ersten Vorderachse kann der 8x6 nur dann in der Steigung nutzen, wenn die Rest-Vorderachslast noch einen gewissen Druck auf den Boden auszuüben vermag. Hebt die Vorderachse aber ab, dann haben wir die gleichen Verhältnisse wie bei einem 8x4.

Trotzdem ist der 8x6 gegenüber dem 8x4 im Vorteil und das hat er schlichtweg – zumindest im Falle des Actros – dem Verteilergetriebe VG 2800 zu verdanken. Durch den Einsatz des Geländeganges ist er in der Lage, eine um rund 40 Prozent höhere Zugkraft zu entwickeln als der 8x4.

Diesen Vorteil kann der 8x6 hauptsächlich in einem einigermaßen ebenen Gelände mit hohen Rollwiderständen ausspielen, etwa tiefem Sand oder Schlamm, indem er die gesamte Vorderachslast der ersten Vorderachse in Zugkraft umsetzen kann. Hier hat auch das Konzept der angetriebenen ersten Vorderachse beim 8x6 den größten Effekt: Die erste Vorderachse bahnt den Weg frei für die nachfolgende, nicht angetriebene zweite Vorderachse.

Im Gegensatz dazu steht das Konzept von MAN, das sich durch seine angetriebene zweite Vorderachse unterscheidet. Im angesprochenen Beispiel hat man damit deutliche Nachteile, denn die nicht angetriebene erste Vorderachse baut nun eine Art Keil auf, den die zweite Vorderachse mühsam überwinden muss. Im ungünstigen Fall bleibt das Fahrzeug sogar stecken.

Doch das Konzept der angetriebenen zweiten Vorderachse hat auch Vorteile. Gehen wir nochmal zurück zum Fahren in der Steigung:

Dort haben wir gesehen, dass beim Überfahren einer Kuppe rund 80 Prozent Rest-Vorderachslast der zweiten Vorderachse für die Übertragung der Zugkräfte fehlen.

Und genau diesen Anteil kann der 8x6 von MAN dank seines Konzeptes der zweiten angetriebenen Vorderachse übertragen. Daraus können wir nun ableiten, dass der MAN 8x6 in der Steigung dem 8x8 nahezu gleichwertig ist.

Einen eindeutigen Sieger im Vergleich der beiden 8x6-Konzepte gibt es so also nicht – beide haben ihre jeweils eigenen bauartbedingten Vor- und Nachteile: In der Steigfähigkeit hat der MAN die

**Die angetriebene erste Vorderachse macht den Arocs-8x6-Kipper wesentlich kurvenwilliger. (Foto: Daimler Truck)**

Nase vorn, in der Traktionsfähigkeit der Arocs. Betrachtet man noch die Kurvenwilligkeit, so ergeben sich leichte Vorteile für die angetriebene erste Vorderachse.
Bedingt durch das starre Hinterachs-Aggregat haben mehrachsige Fahrzeuge das Bestreben, in der Kurve nach außen zu schieben. Dem wirkt eine angetriebene erste Vorderachse durch den längeren Hebelarm eher entgegen als eine angetriebene zweite Vorderachse.
Einen großen Vorteil besitzen die Allradfahrzeuge gegenüber den Nicht-Allradkippern insbesondere dann, wenn sie eine Steigung rückwärts erklimmen müssen.

# 13. Rückwärtsfahrt: Vergleich zwischen 8x4 und 8x6

## 13. Rückwärtsfahrt: Vergleich zwischen 8x4 und 8x6

Einem 8x4-Kipper mit 32 Tonnen Gesamtgewicht gelingt es im Sauberg nicht, den Stangen- oder Hüttenstich mit ihren maximal 45 Prozent Steigung ($\alpha$ = 24,2°) rückwärts hinauf zu fahren (siehe Bild unten). Dies lässt sich anhand unserer bekannten Formeln leicht nachvollziehen:

Mit 32 Tonnen Gesamtgewicht muss nach der Formel

$$F_W = G \times ( fR \times \cos\alpha + \sin\alpha )$$

ein Fahrwiderstand von $F_W$ = 13,6 t überwunden werden. Die Zugkraft, die übertragen werden kann, wird nach der Formel

$$F_Z max = \mu H \times G \times \cos\alpha$$

berechnet. Bei einer ebenen Ausladung entfallen bei einem Gesamtgewicht von 32 Tonnen rund 18 Tonnen auf die beiden Hinterachsen.

Wenn wir von trockenen Bedingungen ausgehen, dann ergibt die Rechnung (ohne Achslastverlagerung):

$$F_Z max = 0{,}85 \times 18\ t \times \cos 24{,}2°$$
$$= 0{,}85 \times 18\ t \times 0.91 = 14{,}0\ t$$

Vergeblicher Versuch des Axor-8x4-Kippers (Typ 932 V72) den Hüttenstich rückwärts zu erklimmen. Die Reifenspuren rühren vom Gummiabrieb der durchdrehenden Hinterachsräder her.

Berücksichtigen wir jetzt die dynamische Achslastverlagerung:
Bei der Berechnung der Hinterachs-Entlastung beim Dreiachs-Kipper im Kapitel 12.3 ergab sich eine Entlastung der Hinterachsen von rund 25 Prozent. Übernehmen wir diesen Wert, dann erhalten wir eine Entlastung von 4,5 Tonnen. Das bedeutet also, dass nur noch 13,5 Tonnen auf die Hinterachsräder drücken.

Somit ergibt sich eine übertragbare Zugkraft von

$$F_Z max = 0{,}85 \times 13{,}5\ t \times \cos 24{,}2°$$
$$= 0{,}85 \times 13{,}5\ t \times 0.91 = 10{,}4\ t$$

Damit liegen wir deutlich unter dem Fahrwiderstandswert von 13,6 Tonnen, haben also selbst bei ausreichend vorhandenem Zugkraftangebot keine Chance die Steigung zu bezwingen.
In der Praxis sieht es so aus, dass der 8x4-Kipper im flacheren unteren Teil des Stangenstichs noch gefahren werden kann, in der Mitte der Steigung aber, wenn 40 Prozent (= 21,8 Grad) erreicht werden, alle Hinterachs-Räder trotz eingelegter Längs- und Quersperren durchdrehen.
Bei 40 Prozent Steigung und einer angenommenen Hinterachs-Entlastung von 4,0 Tonnen liegen die übertragbare Zugkraft bei 11,1 Tonnen und der Fahrwiderstandwert bei 12,3 Tonnen.

**Axor-8x4-Kipper bei der versuchten Rückwärtsfahrt im Stangenstich. Die Fahrt endete im unteren flacheren Teil bei 30 bis 35 Prozent Steigung.**

Somit bestätigt sich das in der Praxis erlebte Verhalten, der 8x4 kommt nicht weiter.
Überprüfen wir jetzt noch, ob die ausreichende Traktion im flacheren Teil auch rechnerisch nachgewiesen werden kann.
Der flachere untere Teil des Stangenstichs liegt zwischen 30 und 35 Prozent. Für die nachfolgenden Rechnungen gehe ich von 35 Prozent ($\alpha$ = 19,3°) aus. Damit ergibt sich für den Fahrwiderstand ein Wert von:

$$F_W = 32 \text{ t} \times (0{,}014 + \sin 19{,}3°) = 11{,}0 \text{ t}$$

Zur Berechnung der Zugkraft, die max. übertragen werden kann, gehe ich von einer dynamischen Achslastverlagerung von rund drei Tonnen aus. Für das Gewicht G werden also 15 Tonnen eingesetzt. Somit ist:

$$F_Z max = 0{,}85 \times 15 \text{ t} \times \cos 19{,}3° = 12{,}0 \text{ t}$$

Mit diesem Wert liegen wir, wenn auch nur gering, über dem Fahrwiderstandswert. Jetzt muss nur noch das Zugkraftangebot übertragen werden können.
Bei der Betrachtung des 6x6-Kippers haben wir gelernt, dass mindestens 50 Prozent des Motormoments anliegen müssen, um die im Sauberg zusätzlich aufkommenden Fahrwiderstände überwinden zu können.
Da die Übersetzungen im Allrad nicht mit den 8x4-Übersetzungen übereinstimmen gehe ich von den Übersetzungen aus, die der damalige 8x4-Erprobungskipper 964 V56 aufwies.
Der Motor war zwar der gleiche, hatte aber ein geringeres Moment von 2100 Nm. Die Getriebeübersetzung des G 230-12 betrug im ersten Gang i = 11,7. Die HA-Übersetzung wurde mit iHA = 6,0 äußerst kurz gewählt. Aufgezogen waren die Reifen 13 R 22,5 mit einem rdyn von 0,546 m.
Damit lag bei maximalem Motormoment folgendes Zugkraftangebot vor:

$$F_A = \frac{2100 \text{ Nm} \times 11{,}7 \times 6{,}0 \times 0{,}85}{0{,}546 \text{ m}}$$

$$= 229\,500 \text{ N} = 23{,}4 \text{ t}$$

Bei 50 Prozent des maximalen Motormoments ergibt sich nun eine Zugkraft von 11,7 Tonnen.
Bei der Betrachtung dieser drei Werte sehen wir, dass sie ganz eng beieinander liegen, es theoretisch aber möglich wäre, die Zugkraft aus 50 Prozent Motormoment absetzen zu können. In der Praxis sieht es aber leider so aus, dass schon geringe Bodenabsätze den Radwiderstand erhöhen und ein Rad durchdrehen lassen.

Bestehen aber zumindest in der 30-Prozent-Steigung noch genügend Zugkraftreserven?

Bei der Berechnung des Fahrwiderstandes $F_W$ und der übertragbaren $F_Z$max ergeben sich folgende Beträge:

**Tabelle 6: Rückwärtsfahrt 8x4-Kipper**

| Steigung | Fahrwiderstand $F_W$ | Übertragbare Zugkraft $F_Z$max (mit dynam. Entlastung) | 50% Antriebskraft $F_A$ | Bemerkung |
|---|---|---|---|---|
| 45% | 13,6 t | 10,4 t | 11,7 t | Steigung nicht befahrbar |
| 40% | 12,3 t | 11,1 t | 11,7 t | Steigung nicht befahrbar |
| 35% | 11.0 t | 12,0 t | 11,7 t | Steigung nur theoretisch befahrbar |
| 30% | 9,7 t | 12,6 t | 11,7 t | Steigung befahrbar |

$F_W$ **= 32 t x ( 0,014 + sin 16,7° ) = 9,7 t**

Die dynamische Achslastverlagerung wird in der 30-Prozent-Steigung mit 2,5 Tonnen angenommen. Damit ergibt sich für die übertragbare Zugkraft

$F_z$**max = 0,85 x 15,5 t x cos 16,7° = 12,6 t**

Hier ist die Differenz zwischen den beiden Größen $F_W$ und $F_Z$max nun deutlich größer. Die 30-Prozent-Steigung ist also überwindbar. Voraussetzung aber ist immer, dass die Längssperre eingelegt ist.

Die Grenzen der Fahrbarkeit werden beim Übergang der Steigungsverhältnisse von 30 auf 35 Prozent erreicht. Dies zeigt sich in der Praxis dadurch, dass eine Radseite der zweiten Hinterachse beginnt kurz durchzuschleudern, nach einer weiteren, kleinen Fahrstrecke ein Radpaar der ersten Hinterachse durchdreht und der Kipper schlussendlich mit durchdrehenden Rädern stehen bleibt.
In der nachfolgenden Tabelle sind die Kräfteverhältnisse bei der Rückwärtsfahrt mit dem 8x4-Kipper nochmal zusammengefasst. Wie aus der Tabelle hervorgeht, ist eine Steigung von 30 Prozent bei trockenen Verhältnissen durchaus befahrbar.
Betrachten wir die Verhältnisse aber bei nassem Beton mit einem Kraftschlussbeiwert von

**µH = 0,7**, so reduziert sich die übertragbare Zugkraft auf 10,4 Tonnen.
Damit liegen wir zwar über dem Fahrwiderstandswert, aber die Antriebskraft aus 50 Prozent des Motormoments liegt deutlich darüber, die Antriebsräder drehen durch. Die Steigung ist demnach nicht zu bewältigen.
Und wie sieht es nun beim 8x6 mit nur einer angetriebenen Vorderachse aus?
Gehen wir bei einem Gesamtgewicht von 32 Tonnen wieder von einer dynamischen Achslast-Verlagerung von 4,5 Tonnen aus, dann entfallen zumindest beim Actros jeweils 2,25 Tonnen auf die beiden Vorderachsen (der Vierachs-Allradkipper besitzt ja einen Vorderachs-Lastausgleich).
Die Hinterachsen werden noch mit 13,5 Tonnen belastet.
Somit trägt bei einem 8x6-Kipper zur Zugkraftübertragung – zusätzlich zu den Hinterachsen – die Achslast der angetriebenen ersten Vorderachse insgesamt 9,25 Tonnen bei (7,0 Tonnen plus 2,25 Tonnen) bei.
Für die Berechnung in der 45-Prozent-Steigung bei trockenen Bedingungen heißt dies:

$F_z$**max = 0,85 x (13,5 t +9,25 t) x cos 24,2° = 17,6 t**

Mit diesem Wert liegen wir nun deutlich über der Fahrwiderstandsgrenze von $F_W$ = 13,6 t.
Legen wir die Daten des 8x6-Kippers 964 V166 zugrunde, dann liegt an den Rädern beim maximalen Motormoment eine maximale Zugkraft von 31,0 Tonnen an.
Bei den erforderlichen 50 Prozent des maximalen Motormoments ergibt sich ein Zugkraftangebot von

$F_z$ **= 15,5 t.**

Damit liegen wir zwar noch unterhalb der maximal möglichen Zugkraftübertragung, aber bereits über dem Fahrwiderstandswert. Ergo: der 8x6 kann die Steigung rückwärts problemlos erklimmen.
Ob in diesem Fall nun aber eine angetriebene erste Vorderachse von Vorteil ist oder ob doch eher die zweite Vorderachse angetrieben sein sollte, kann nicht eindeutig beantwortet werden. Je nach Geländeformation kann das ein oder andere System seine Vorteile ausspielen.
Durchfährt das Fahrzeug eine Kuhle, so besteht die Gefahr, dass die zweite Vorderachse durchhängt und die Räder in den Schlupfbereich gelangen – die Zugkraft verpufft.
Überfährt das Fahrzeug jedoch einen Höcker, so hängt die erste Vorderachse frei und die Räder

übertragen keine Zugkraft mehr (siehe Kapitel 12.5 »Fahrt über die Kuppe«).
Legt der Kunde großen Wert auf eine gute Traktions- und Steigfähigkeit, so kann die Wahl allerdings nur auf einen 8x8 fallen, bei dem beide Vorderachsen angetrieben sind.

Arocs 8x6-Kipper mit angetriebener erster Vorderachse.

GER SB 515

# 14. Maßnahmen vor der Fahrt im Offroad-Gelände

AROCS
GER ZF 543

## 14. Maßnahmen vor der Fahrt im Offroad-Gelände

Bevor das Fahrzeug im Offroad-Gelände bewegt wird, gilt es einige wichtige Standardregeln zu beachten. Folgende Maßnahmen muss der Fahrer vor Eintritt in den Sauberg ergreifen. Prinzipiell handelt es sich aber um allgemein gültige Regeln für Fahrten im unwegsamen Gelände mit steilen Passagen und hügeligen Bodenformationen:

**• Unterfahrschutz klappbar**

Fahrzeuge auf dem Sauberg benötigen unbedingt einen beweglichen Unterfahrschutz, der hochgeklappt werden kann (ein starrer Unterfahrschutz wird des Öfteren mit dem Boden touchieren). Generell gilt die Vorgabe: nur mit hochgeklapptem Unterfahrschutz im Gelände fahren.

**• Die Längssperre(n) betätigen.**

Wird dies vergessen, so wird beim ersten Anstieg das am wenigsten belastete Rad durchdrehen, die Traktion geht sofort verloren und das Fahrzeug »schießt« nach unten. Selbst bei einer beherzten Betätigung des Bremspedals gelingt es dann nicht mehr, das Fahrzeug sofort zu stoppen.
Ist die Längssperre in einer steilen Abfahrt nicht geschaltet, so kommen das entlastete Hinterachsrad oder sogar beide Räder einer Achse ins Gleiten und es kann keine Längskraft (in diesem Fall eine Bremskraft) mehr übertragen werden.
Die Räder blockieren, das Fahrzeug nimmt sofort Fahrt auf, es »hüpft« und »hoppelt« den Hang hinunter und kann nur noch mühevoll zum Stehen gebracht werden.

**• Den ABS-Off-Schalter betätigen (der Schalter ist nur im Allradkipper Serie)**

Das ABS ist ab rund 3 km/h aktiv. Dies hat zur Folge, dass bei einer Geschwindigkeit über 3 km/h und einer kurzzeitigen Blockierung eines Rades das ABS regelt und die eingelegte Längssperre hinauswirft.
Sobald die Längssperre aber nicht mehr geschaltet ist beschleunigt das Fahrzeug sofort (siehe oben).

Klappbarer Unterfahrschutz in Fahrstellung.

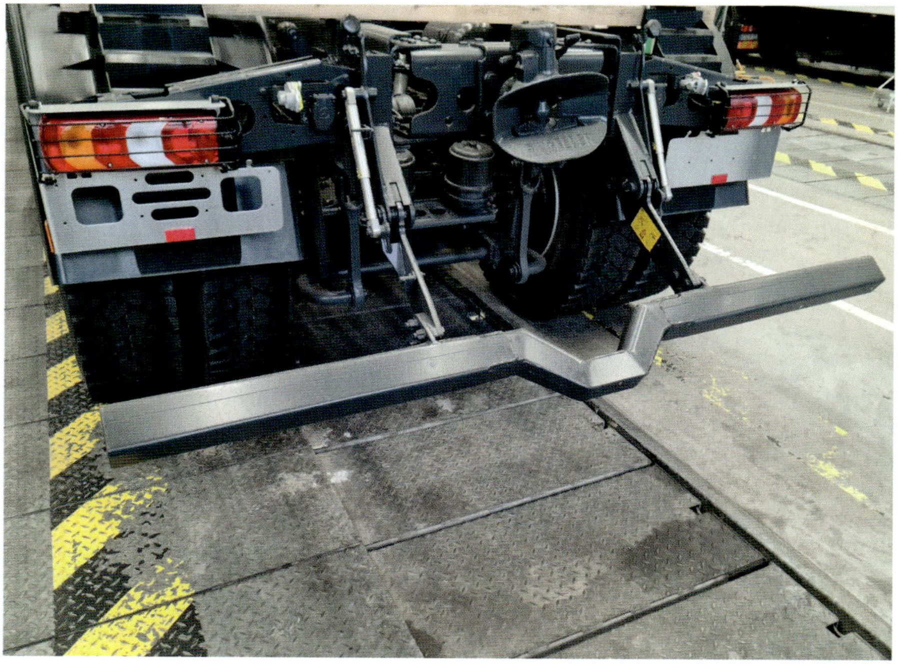

Der ABS-Off-Schalter verhindert diese ABS-Regelung.

**• Beim Allradkipper den Geländegang im Verteilergetriebe schalten**

Je kürzer die Gesamtübersetzung, desto besser. Diese Möglichkeit, die beispielsweise das Getriebe VG 2800 bietet, jeden einzelnen Gang noch einmal um den Faktor 1,448 zu untersetzen, nutzen wir auf jeden Fall.

Damit ist der Fahrer in der Lage, bei niederer Geschwindigkeit im optimalen Drehmomentbereich zu fahren. Die Traktion verbessert sich dadurch erheblich.

Auf den folgenden Seiten sind exemplarisch der ABS-Off-Schalter und der Schalter für das Verteilergetriebe zu sehen.

Der Geländegang kann nur bei stehendem Fahrzeug eingelegt und auch wieder ausgeschaltet werden.

Beim VG 3000 wird mit der Längssperre auch die Vorderachse zugeschaltet. Die Aktivierung kann während der Fahrt erfolgen (geschwindigkeitsunabhängig), die Abschaltung hingegen nur im Stillstand.

**• Den richtigen Gang wählen**

In steilen Anstiegen und Abfahrten stets den kleinsten Gang wählen. Im vorderen Abschnitt des Saubergs mit Steigungsanteilen bis 65 Prozent wird immer nur im ersten beziehungsweise im kleinstmöglichen Gang gefahren. Schaltvorgänge sind absolut tabu.

Bei automatisierten Getrieben sollte immer das Offroad-Fahrprogramm gewählt werden. Die Betätigung erfolgt über den rechten Lenkstockhebel, im Kombiinstrument wird Aoffroad angezeigt.

Durch kurzes Drücken des Wählknopfes wird der Modus Aoffroad gewählt. In diesem Programm werden die Gänge höher ausgedreht, sodass auch im Teilgasbereich keine Hochschaltung erfolgt. Dies funktioniert mittlerweile auch ziemlich gut.

Will man ganz auf Nummer sicher gehen, so empfehlen wir im schwierigen Gelände wie dem Sauberg, den manuellen Modus zu wählen (im Kombiinstrument erscheint »M«).

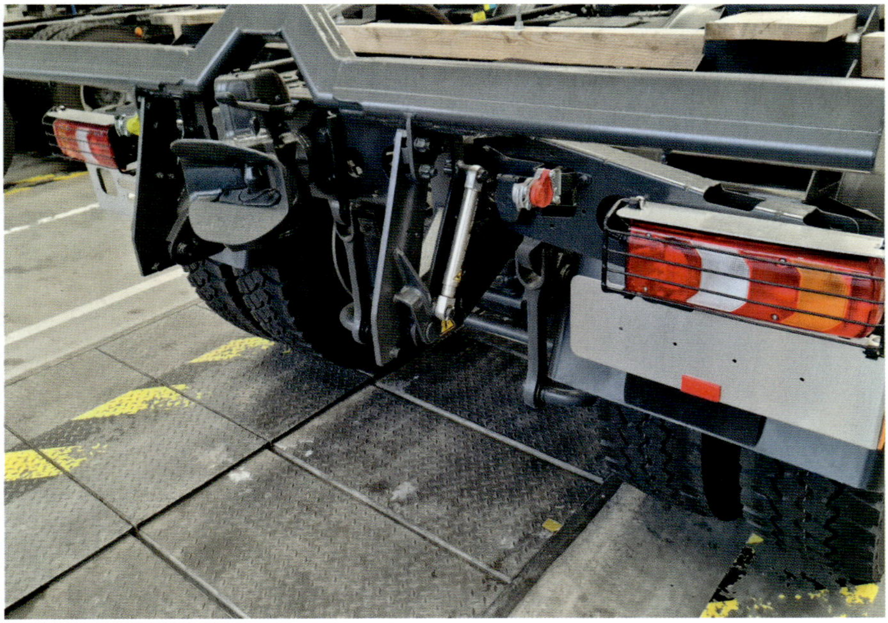

Unterfahrschutz (federunterstützt), im hochgeklappten Zustand.

Lenkstockhebel im Arocs-Cockpit: Außen der verschiebbare Wählknopf, mit »M« und »A« beschriftet.

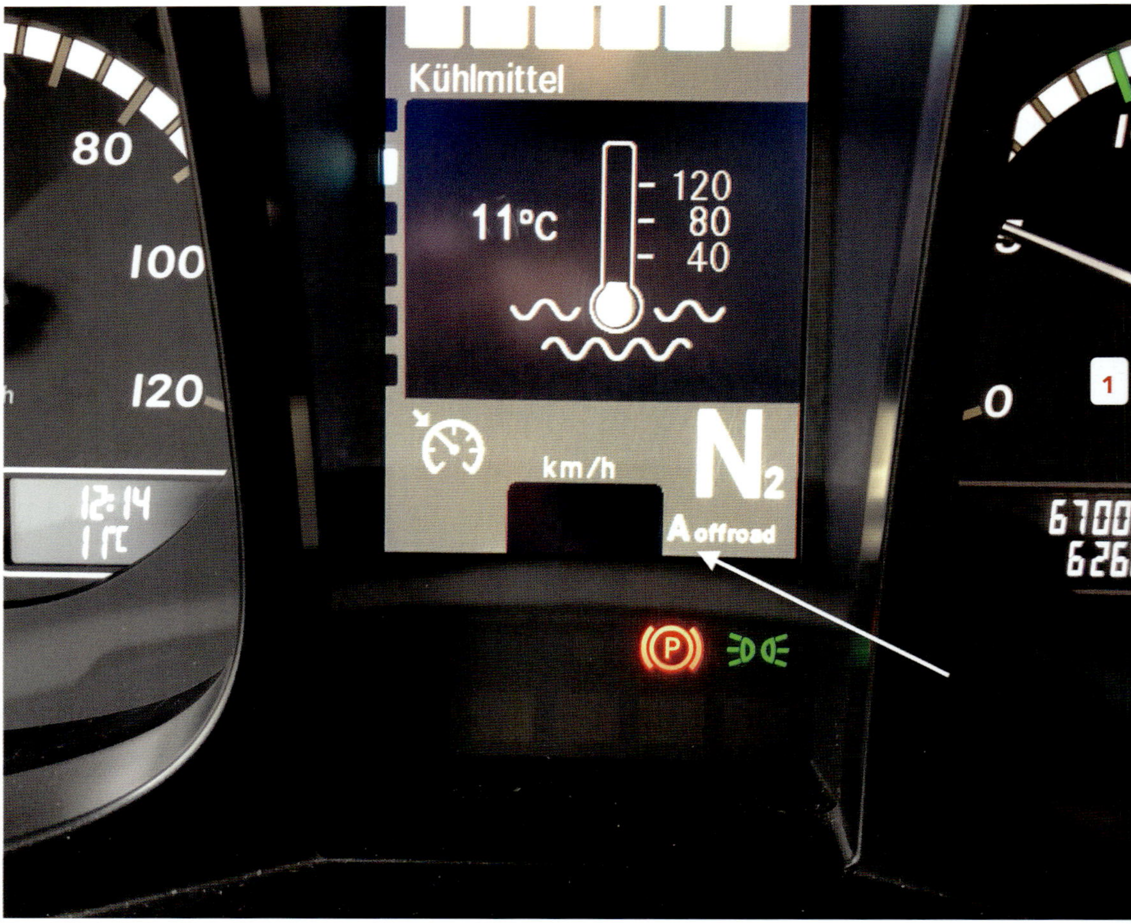


Die Anzeige Aoffroad im Display (siehe Pfeil). (Foto: Frank Stephan)

ABS-Off-Schalter (1) und Geländegang im Verteilergetriebe (2).

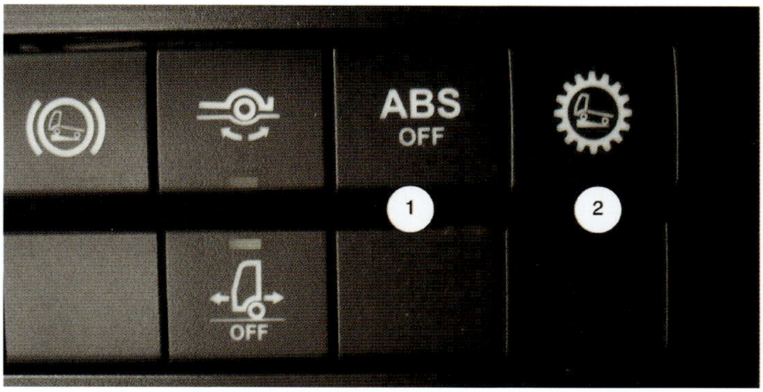

Durch längeres Drücken des Wählknopfes erscheint im Display die Anzeige »M«. (Foto: Frank Stephan)

SCA

# 15. Das Know-how im Offroad-Gelände – am Beispiel des Saubergs

Ein MAN-8x4-Kipper bei der Fahrt über die Bodenwellen in der Spur 2.

## 15. Das Know-how im Offroad-Gelände – am Beispiel des Saubergs

Kommen wir nun zum wohl wichtigsten Kapitel, denn alle Theorie kann nicht die Praxis ersetzen, für die ich hier die nötigen Grundlagen vermitteln möchte. Die leitenden Fragen lauten: Wie fahre ich in einem Offroad-Gelände und was gilt es zu beachten, damit ich zu keiner Zeit die Kontrolle über das Fahrzeug verliere?

Die Kontrolle über das Fahrzeug jederzeit zu behalten ist im schweren Gelände essenziell, das gilt ganz besonders auch für das anspruchsvolle Erprobungsgelände der Daimler AG, den Sauberg, der im Folgenden einmal mehr als Beispiel für unsere Ausführungen herhalten muss.

Wie in Kapitel 11 beschrieben wird der Sauberg in zwei Geländeabschnitte unterteilt.

Zum einen in den Steigungsteil mit steilen Auf- und Abfahrten. Dort müssen Steigungen von bis zu 65 Prozent überwunden werden.

Zum anderen gibt es den Verwindungsteil mit einer stark welligen Geländebeschaffenheit und bis zu 500 Millimeter hohen Kuppen aus felsiger Grundsubstanz, stellenweise mit Mineralbeton

Ein 8x8-Vorführkipper durchpflügt das alte Wasser-/Schlammbecken auf dem Sauberg-Gelände. (Foto: Michael Wulf)

ausgebessert. Im Übergang zwischen den beiden Geländeformationen ist ein natürlich vorkommendes Wasserbecken zu durchfahren, das außerhalb der Sommermonate allerdings eher zu einem Schlammbecken mutiert – für manchen Offroad-Fahrer sicherlich ein Traum.

Zwei weitere – in den 2010er-Jahren künstlich angelegte – Wasserbecken befinden sich am südlichen Rand des Verwindungsgeländes.

In den ersten Nachkriegsjahren war es den deutschen Lkw-Herstellern verboten, Schwerlastwagen zu bauen. Erst mit dem NATO-Beitritt im Jahre 1955 fielen die von den Alliierten aufgestellten Restriktionen. Dies hatte nun auch unmittelbare

Ein LG 315 Mitte der 1950er-Jahre in der 65-Prozent-Steigung des Saubergs. Am Stoßfänger ist das rote Besatzungskennzeichen angebracht. Im Hintergrund ist das Benz-Werk Gaggenau zu erkennen. (Foto: Daimler Truck)

Der Sauberg ist als Unimog-Testgelände in Fankreisen legendär. Hier zwei Typ 411 (vorne mit Fahrerhaus Westfalia Typ B) an den steilen 60- und 65-Prozent-Abhängen. Etwas mehr Hinterachslast hätte der Fahrstabilität gutgetan. (Foto: Daimler Truck)

Auswirkungen auf den Sauberg, denn mit einem Beschaffungsauftrag von Allradfahrzeugen für die Bundeswehr kam seinerzeit auch die Firma Daimler-Benz zum Zuge. Mit der Folge, dass die Erprobungen von Allradfahrzeugen (hauptsächlich in der Pritschen-Ausführung) und auch Unimogs auf dem Sauberg wieder rasant zunahmen.
Dass das Fahren im Sauberg kein Zuckerschlecken war und die Fahrer höchsten Belastungen ausgesetzt waren, zeigen historische Fotos.
In einer Lkw-Fachzeitschrift war von »furchtlosen Testfahrern« die Rede. In der Tat beschleicht wohl jeden Fahrer in den ersten Fahrstunden auf dem Sauberg ein mulmiges Gefühl, wenn der vollbeladene Lkw den steilen Berg hochklettert und er am Ende des Anstiegs nur den Himmel vor sich sieht und den sicheren Boden nur erahnen kann.
Den Fahrern wird im Sauberg ein hohes Maß an Konzentration und Kondition abverlangt.
Die Erprobungsdauer eines Allradkippers beträgt 500 Stunden, diejenige eines Nicht-Allradfahrzeuges 250 Stunden. Diese Zeiten stellen im Zeitraffer die Lebensdauer des entsprechenden Fahrzeugtyps dar. In hohem Maße beansprucht werden bei einer Fahrzeugerprobung der gesamte Antriebsstrang, Rahmen und Federung, der Aufbau mit Hilfsrahmen sowie die Motor- und Fahrerhauslagerung. Engstellen zwischen rahmen- und achsseitigen Bauteilen werden ebenfalls erkannt.
Aufgrund der hohen Belastungen sind pro Fahrzeug während der Erprobungsphase immer zwei Fahrer eingeteilt, die sich stundenweise abwechseln.
Meist wird auch im Zweischichtbetrieb gefahren, so dass verwertbare Ergebnisse oft schon innerhalb eines halben Jahres vorliegen.
Gehen wir nun noch einmal detailliert auf die einzelnen Stiche mit ihren steilen An- und Abstiegen und ihren jeweils ganz besonderen Herausforderungen ein.

## 15.1 Der Hüttenstich

Der Hüttenstich hat eine durchgehende Steigung von 40 Prozent, die jedoch durch die vereinzelt angebrachten Bodenwellen auf 45 Prozent ansteigt. Diese auffallende Wellencharakteristik macht das Befahren des Hüttenstichs schwierig, steigt doch der Radwiderstand urplötzlich an und beeinflusst das Traktionsverhalten.

8x4-Kipper (Typ 964 V154) im Hüttenstich. Gut zu erkennen ist die wellige Bodenbeschaffenheit.

## • Bergauf

Ideale Voraussetzungen, um den Hüttenstich bergauf zu bezwingen, liegen vor, wenn der Kipper mit einer Geschwindigkeit von 3 bis 4 km/h in einem Drehzahlbereich von 900 bis 1200 U/ min hochfahren kann. In diesem Drehzahlbereich sollte es möglich sein, die Geschwindigkeit konstant zu halten. Dies ist nur dann gegeben, wenn aufgrund eines ausreichenden Motormoments und einer »richtig« gewählten Triebstrangübersetzung (so hoch wie möglich) genügend Zugkraft zur Verfügung steht. Passen Motormoment und Triebstrangübersetzung jedoch nicht, so müssen wir mit höheren Drehzahlen und damit mit einer größeren Geschwindigkeit in den Stich hinein fahren, sodass am Ende der Steigung noch ausreichend Motormoment zur Verfügung steht, um den Motor nicht absterben zu lassen.

Größere Geschwindigkeiten verursachen aber, bedingt durch den welligen Untergrund, ein Aufschaukeln des Fahrzeugs. Dies hat zur Folge, dass die Hinterachsräder kurzzeitig abheben und trotz eingelegter Längssperre Schlupf bekommen.

In diesem Fall muss die Quersperre geschaltet werden. Selbst dann kann es aber noch passieren, dass alle Räder der Hinterachse(n) in den Schlupfbereich geraten und so keine Traktion mehr aufbringen können. In solchen Fällen ist es dann angebracht, die Achsübersetzung in Richtung kürzere Übersetzung zu korrigieren.

Die Quersperren sollten prinzipiell nur bei Bedarf geschaltet werden, da am Ende der Steigung das Fahrzeug in die Kurve gelenkt werden muss. Und wer die Quersperren schon häufiger eingesetzt hat weiß, dass mit eingelegter Quersperre das Fahrzeug äußerst kurvenunwillig ist.

Man kann die Quersperre zwar am Ende der Steigung deaktivieren, aber der Triebstrang ist so verspannt, dass die Sperre sich nicht löst. Es bleibt in den meisten Fällen nichts anderes übrig, als ein paar Meter rückwärtszufahren – erst dann löst sich die Quersperre.

**Beispiel einer zu geringen Vorderachslast: Der 6x6-Prototyp 964 V66 im Hüttenstich mit abhebendem linken Vorderrad.**

Die Gefahr, von zu hohen Geschwindigkeiten aufgrund einer ungenügenden Triebstrang-Auslegung betrifft fast nur die Nicht-Allradkipper. Beim Allradkipper mit dem Getriebe-Typ VG 3000 unterstützt die angetriebene Vorderachse, beim Allradkipper mit dem VG 2800 ist dank des Geländeganges die Triebstrangübersetzung hoch genug. Diese Parameter lassen sich analog auf Lkw aller gängigen Fabrikate übertragen.

Neben der Geschwindigkeit ist auch die richtige Achslastverteilung von großer Bedeutung.

Wichtig ist die Belastung der Vorderachse. Sie muss so hoch sein, dass sich die Vorderachse bei konstanter Fahrt in der Steigung nicht abhebt. Einem Abheben der Vorderachse kann im Vorfeld schon durch einen niederen Beladungsschwerpunkt entgegengewirkt werden. Je nach Höhe der Beladung verteilen wir im Versuchsbetrieb unter den Kies noch Tonnenklötze.

Bei der Erprobung mit einem 6x6 und einer maximal möglichen Gesamtlast von 41 Tonnen waren wir aber auch schon gezwungen, nur mit Tonnenklötzen zu fahren. Ob ein Fahrzeug richtig ausgelastet ist lässt sich durch einen Anfahrvorgang im Hüttenstich erkennen:

Die beiden Pfeile deuten auf den Stabilisator an der Hinterachse (1) sowie auf die rechte Stabilasche (2).

Stabilisator und Stabilasche an der Vorderachse eines MAN-8x4. Gut erkennbar sind Stabilisator (1), Stabilaschenlagerung (2), Stabilasche (3) und Vorderachse (4).

Mit dem Kipper fährt man bis ungefähr in die Mitte der Steigung und hält dann an. Sowohl beim Anhalten als auch dem anschließenden Anfahrvorgang (aus der Handbremse!) darf sich die Vorderachse nicht vom Boden abheben. Einzige Ausnahme: Ein schwungbedingtes kurzzeitiges Abheben beim Anhalten und Anfahren von wenigen Zentimetern ist gerade noch zulässig.

Dieser Prüfvorgang sollte bei der ersten Proberunde immer durchgeführt werden. Dadurch wird vermieden, dass bei in der Dauererprobung auftreten-

den Problemen die Fahrer von einem ungewollten Aufbäumen des Fahrzeugs überrascht werden.
Zu einem sofortigen Anhalten kann der Fahrer gezwungen werden, wenn plötzlich der Kraftschluss im Triebstrang beispielsweise durch einen Gelenkwellenschaden (kam schon einmal vor!) verloren geht. Oder, was immer wieder passieren kann, die Reifen aufgrund veränderter Wetterverhältnisse auf nasser Fahrbahn (oder auch durch Verschmutzungen) an Traktion einbüßen.
Kritische Situationen entstehen auch, wenn ein Federblatt, ein Stabilisator oder eine Stabilisatorlasche bricht. Dies geschieht meistens ohne Vorankündigung und das Fahrzeug reagiert auf solche Schäden mit einem plötzlichen Aufschaukeln und sofortigem Traktionsverlust.
Eines der nebenstehenden Bilder zeigt die Vorderachsstabilisatoren eines MAN-Lkw im verwundenen Zustand auf der Verwindungsbühne. Der genaue Blick lässt die Kräfte erahnen, die auf Stabilisatoren und Stabilisatorenlasche wirken: In seiner achsseitigen Anbindung ist der Stabilisator seitlich verrutscht und die Lagerung wird durch die schräg nach oben laufende Lasche stark beansprucht.

Diese Situation, dass das Fahrzeug in der Steigung an Traktion verliert und das womöglich noch am Ende des Stiches, fühlt sich für keinen Fahrer besonders prickelnd an und sorgt für einen kurzfristigen Adrenalinschub. Hier ist dann sofortiges Handeln angesagt:
Auf die Bremse treten, Rückwärtsgang einlegen (wenn noch möglich) und Fahrzeug mit Stotterbremse hinunterrollen lassen. Wichtig ist, dass die Räder noch rollen, denn nur so können sie die Brems- und auch weiterhin Seitenkräfte übertragen.
Also auf keinen Fall die ganze Zeit auf der Bremse stehen, denn dann ist die Gefahr groß, dass das Fahrzeug schräg kommt und mit den Hinterachsen entweder links in die Leitplanke oder rechts in den Hang rutscht.
Besonders kritisch ist diese Situation, wenn vorher schon die Quersperren eingelegt waren. Denn bei durchdrehenden Hinterachsrädern giert das Fahrzeug und kann schon vor dem Anhalten eine gewisse Schräglage erreichen (siehe Kapitel 6.2 »Auswirkungen von Längs- und Quersperren«).
Nachfolgend werden in Tabellenform die Vorderachslasten aufgeführt, die notwendig sind, um in Abhängigkeit des Fahrzeugtyps und des Gesamtgewichtes ein Abheben der Vorderachse zu vermeiden.
Beim Vierachs-Fahrzeug ist aufgrund der beiden Vorderachsen die Vorderachs-Belastung unkritischer. Geringe Abweichungen von der Mindest-Vorderachslast sind zulässig.
Ein nicht zu großes Abheben der ersten Vorderachse beim Vierachser ist in diesem Fall gerade noch tolerierbar.
Betrachten wir im nächsten Schritt nun die Bergabfahrt:

**Tabelle 7:**

| Typ | Gesamtgewicht | Mindest-Vorderachslast |
|---|---|---|
| 2- Achser: 4x2, 4x4 | 18 t- 20 t | 6,7- 7,0 t |
| 3- Achser: 6x4, 6x6 | 26 t<br>33 t<br>41 t | 7,0 t<br>7,5 t<br>8,7- 9,0 t (hier ist ein niederer Schwerpunkt wichtig) |
| 4- Achser: 8x4, 8x6, 8x8 | 32 t<br>41 t<br>41 t- 48 t | 2 x 7,0 t<br>2 x 7,5 t<br>2 x 7,5 t |

Ein Kipper des Typs 964 V154 im Stangenstich. Im Vordergrund sind die Querfugen zu sehen.

### •Bergab

Die ideale Bergab-Geschwindigkeit liegt im Hüttenstich zwischen 3 und 4 km/h. Optimal ist es, wenn wir diese Geschwindigkeit nur mithilfe der Motorbremse bzw. des Retarders halten können.
Dies gelingt aber fast nur bei einem Allradfahrzeug, wenn der Geländegang im Verteilergetriebe geschaltet ist. In den meisten Fällen muss also beigebremst werden. Prinzipiell ist dagegen nichts einzuwenden, nur geht dabei die Feinfühligkeit für die Geschwindigkeit verloren. So kann die Geschwindigkeit nur schwer konstant gehalten werden und in den meisten Fällen liegt sie auch über 4 km/h.
Das bedeutet dann allerdings größere Aufbaubewegungen, die Räder heben leicht ab und geraten unter Schlupf. Und das heißt wiederum, dass Traktion verloren geht (die Räder blockieren!) und dass das Fahrzeug somit ungewollt schneller wird. Aus diesem Grund ist es ratsam, noch vor Eintritt ins Gefälle die Quersperre hinzuzuschalten. Dadurch wird die Blockierneigung deutlich verringert, die Geschwindigkeit kann gut gehalten werden.
Das Zuschalten empfiehlt sich bei trockenen Verhältnissen, umso mehr aber noch bei nassen Bedingungen. Hier rate ich deshalb, die Quersperren immer zuzuschalten.

## 15.2 Der Stangenstich

Der Stangenstich hat einen vergleichbaren Steigungsgrad wie der Hüttenstich, er ist aber, so die Einschätzung der Fahrer, »entspannter« zu fahren. Dies liegt vor allem daran, dass er fast eben verläuft und nur im oberen Drittel einen kleinen Absatz aufweist, der den Radwiderstand erhöht. Hier verändert sich auch der Steigungsgrad von 40 auf 45 Prozent, sodass insgesamt der Fahrwiderstand ansteigt.
Des Weiteren ist die betonierte Oberfläche mit Querfugen durchzogen, die die Rauheit erhöhen und so die Traktionsfähigkeit verbessern. Die Bergauf-Geschwindigkeit ist mit derjenigen im Hüttenstich gleichzusetzen.
Die Bergab-Geschwindigkeit liegt zwischen 3 und 5 km/h. Bis 6 km/h ist das Fahrzeug noch einigermaßen sicher zu halten. Geschwindigkeiten über 6 km/h sollten aber auf jeden Fall vermieden werden. Nach der Abfahrt muss der Kipper stärker eingelenkt werden, um wieder in den flacheren Steigungsteil einzubiegen. Dabei kommt es zu einer

unangenehmen Schräglage, bei der das innen laufende Rad entlastet wird und je nach Beladungszustand den Bodenkontakt verlieren kann. Ein Zuschalten der Quersperre ist bergauf und bergab nicht unbedingt erforderlich (bergab nur, wenn die Bodenverhältnisse es notwendig erscheinen lassen).

Die Quersperre muss eher bei der Zufahrt zum Stangenstich betätigt werden, wenn aufgrund der leichten Schräglage und der Fahrt durch die Senke jeweils ein Rad pro Hinterachse droht, die Traktion zu verlieren (siehe Bilder unten und auf der Folgeseite).

Dann sollte aber so bald wie möglich die Quersperre wieder ausgeschaltet werden, da nach dem Anstieg am Ende des Stangenstichs der Kipper stark eingelenkt werden muss.

Um in den beiden Stichen also ein angenehmes und sicheres Fahren sowohl bergauf als auch bergab zu ermöglichen, muss die Triebstrangauslegung so gewählt werden, dass die Fahrzeuge im kleinen Geschwindigkeitsbereich zwischen 3 und 5 km/h gefahren und talwärts nur mit der Motorbremse gehalten werden können.

In der beigefügten Tabelle sind die Gesamtübersetzungen des Triebstrangs von verschiedenen im Sauberg gefahrenen Fahrzeugen aufgelistet, kombiniert mit der Aussage, ob die Vorgabe der kleinen Geschwindigkeiten eingehalten werden konnte.

Die Gesamtübersetzung setzt sich zusammen aus der Getriebe- und Achsübersetzung sowie – wenn vorhanden – aus der Übersetzung im Verteilergetriebe. Beim groben Betrachten der Tabelle fällt zuerst einmal auf, dass alle Fahrzeuge, die ein iGesamt von > 64 haben, gut zu fahren sind. Gut zu fahren heißt, ich kann die Geschwindigkeit von 3 bis 4 km/h in einem Drehzahlbereich fahren, der mir ein genügend großes Moment zur Verfügung stellt.

**Leichte Schräglage eines 6x4-Arocs (Typ 964 W250) nach der Ausfahrt vom Stangenstich während des Einlenkens in den flacheren Steigungsteil.**

| Ident- Nr. | Radformel | Motor (Mmax) | VG 2800 | VG 3000 | iGesamt | Bemerkung |
|---|---|---|---|---|---|---|
| 964 V56 | 8x4 | OM 471 (2100 Nm) | - | - | 70,2 | Gut zu fahren |
| 964 V77 | 8x4 | OM 471 (2400 Nm) | - | - | 56,5 | Zu schnell |
| 964 V178 | 8x4 | OM 473 (2800 Nm) | - | - | 48,2 | Zu schnell |
| 964 V154 | 8x4 | OM 470 (1800 Nm) | - | - | 53,5 | Zu schnell, Motor stirbt im Hüttenstich ab |
| 964 V54 | 6x6 | OM 471 (2500 Nm) | - | X | 73,0 | Gut zu fahren |
| 964 W254 | 6x6 | OM 470 (2100 Nm) | - | X | 64,3 | Gut zu fahren |
| 964 V57 | 8x8 | OM 471 (2200 Nm) | X | - | 85,1 | Sehr gut zu fahren, optimal |
| 964 W87 | 8x8 | OM 470 (2100 Nm) | X | - | 77,4 | Sehr gut zu fahren |

Dieses gute Gefühl für ein ausreichendes Moment ist beim 964 V178 nicht gegeben. Er hat mit 48,2 zwar die längste und damit ungünstigste Übersetzung, dafür aber den stärksten Motor.
Um mit einer Geschwindigkeit zwischen 3 und 4 km/h den Hüttenstich hinaufzufahren, darf die Motordrehzahl 900 U/ min nicht übersteigen. Nach der Formel

$$V = \frac{\textbf{nMot x Udyn x 3,6}}{\textbf{60 x iGesamt}}$$

beträgt die Geschwindigkeit bei dieser Drehzahl 3,7 km/h (die Bereifung war 315/80 R 22,5 mit einem Udyn von 3,281 m).

Nach der Motorkennlinie steht eigentlich bei 900 U/min bereits ein genügend hohes Moment zur Verfügung. Trotzdem ist der Fahrer geneigt, mit mindestens 1000 U/min hinaufzufahren. Er hält gewissermaßen vorsichtshalber noch einige Reserven bereit.
Dies erklärt sich dadurch, dass durch das Ansteigen der Fahrwiderstände im Hüttenstich die Motordrehzahl abfällt und der Motor in den Bereich gelangt, bei dem er »Absterben« kann. Durch dieses Vorhalten steigt aber die Geschwindigkeit über 4 km/h an, das Fahrzeug beginnt sich aufzuschaukeln, dadurch geht Traktion verloren.

Daraus ergibt sich die Erkenntnis, dass nicht das Motormoment die entscheidende Größe ist, sondern die Triebstrangübersetzung.
Eine pauschale Vorgabe für eine Mindest-Triebstrangübersetzung zu geben ist schwierig. Trotzdem wage ich an dieser Stelle die Behauptung, dass die gesamte Übersetzung mindestens über dem Wert 60 liegen sollte. Konkret lässt sich daraus also für den Triebstrang folgende Formel ableiten:

**Igesamt = iGetr. x iAchse x iVert.getriebe > 60**

**Besonders bei einem luftgefederten Kipper wie diesem 8x4-Arocs (Typ 964 V154) muss an dieser Stelle im Testgelände bisweilen die Quersperre betätigt werden, um ein Wegrutschen zu vermeiden.**

8x8-Kipper (Typ 932 W178) neben der Tribüne im Vorführstich.

Bereits das Einschwenken in den 60-Prozent-Stich stellt eine Herausforderung für Fahrer und Fahrzeug dar. Auch wenn die Kippbrücke leer erscheint, der 8x8-Hinterkipper war mit 32 Tonnen ausgeladen. Wäre die Kippbrücke mit Kies oder Sand randvoll, läge das Gesamtgewicht bei rund 50 Tonnen. (Foto: Michael Wulf)

## 15.3 Die beiden Vorführ-Stiche (60 bis 65 Prozent)

Zwei spezielle Stichestrecken werden nur für Vorführungen und Funktionsfahrten genutzt. Gefahren wird hier nur mit Allradkippern, dabei betragen die Gewichte beim 4x4-Allradkipper 18, beim 6x6-Allradkipper 26 und beim 8x6/8x8-Allradkipper schließlich 32 Tonnen. Bei diesen Vorführungen fahren die Vorführfahrzeuge vorwärts den 60-Prozent-Stich hinauf und den 65-Prozent-Stich hinunter. Anschließend geht es den 65-Prozent-Stich noch einmal rückwärts hinauf. Diese Rückwärtsanfahrten sind mit allen Fahrzeugen möglich mit Ausnahme des 8x6-Kippers. Dieser schafft es nicht, die 65-Prozent-Steigung (entspricht 33 Grad) rückwärts zu bewältigen, wie die Rechnung beweist:

Der Fahrwiderstand beträgt

$$F_W = 32\ t \times (0{,}015 + \sin 33°) = 17{,}7\ t$$

Bei der Berechnung der übertragbaren Zugkraft gehe ich davon aus, dass die Entlastung der Hinterachsen bei 6 bis 7 Tonnen liegen wird (in der 45-Prozent-Steigung wird die Hinterachslast um

Know-how

4,5 Tonnen verringert). Gehen wir der Einfachheit halber von 7 Tonnen aus, dann entfallen bei einer gleichmäßigen Belastung der Vorderachsen jeweils 3,5 Tonnen auf die beiden Vorderachsen. Jede Vorderachse wird also im Idealfall mit 7.0 + 3,5 Tonnen belastet. Da die zweite Vorderachse für die Berechnung keine Rolle spielt, lautet die Beziehung für die übertragbare Zugkraft

$$\mathbf{F_z = 0,85 \times 21,5 \times \cos 33° = 15,4\ t}$$

Damit liegen wir unterhalb des Fahrwiderstandes. Der 8x6-Kipper hat also keine Chance, rückwärts die 65-Prozent-Steigung zu erklimmen.

Noch ein Wort zur dynamischen Achslastverlagerung:
Im praktischen Fahrbetrieb sieht es so aus, dass trotz Achslastausgleich je nach Bodenformation (Absätze, Senken) mal mehr die erste Vorderachse, mal mehr die zweite Vorderachse belastet beziehungsweise entlastet wird. Dabei gilt: Je größer die Entlastung der ersten Vorderachse, wird desto geringer wird die übertragbare Zugkraft.
Einige der umstehenden Bilder zeigen den 8x6-Kipper beim vergeblichen Versuch der Rückwärtsfahrt im 65-Prozent-Stich.

### • Konkave Fahrspuren im 65-Prozent-Stich

Auf eine Besonderheit des 65-Prozent-Stiches muss noch hingewiesen werden, weil diese auch in der Offroad-Praxis von Relevanz ist:
Aufgrund seiner ausgehöhlten Fahrspuren erweist sich dieser Stich für abfahrende Fahrzeuge als tückisches Terrain, insbesondere für Kipper mit nur einer gelenkten Achse. Daher lohnt es sich, diesen Streckenabschnitt im Detail zu betrachten.
Besonders im oberen Abschnitt beim Einfädeln ist es wichtig, darauf zu achten, dass nicht versehentlich ein Rad die Seite hochläuft. Denn sonst könnte es passieren, dass beim Einlenken das untenstehende Rad einfach stehen bleibt.
Aufgrund des hohen hydraulischen Drucks in der Lenkung wird der Lenkeinschlag in einem solchen Fall dennoch vollzogen. Dies führt dann dazu, dass das schwächste Teil im Gefüge nachgibt – und das ist die Spurstange.
Wenn man es nicht schon selbst gesehen hat, wird man es kaum glauben, dass eine ursprünglich gerade Spurstange durch diese enormen Kräfte eine fast hufeisenähnliche Form annehmen kann.
Um dies zu vermeiden, hilft es schon, dass der Stich von der richtigen Seite her angefahren wird. Die korrekte Anfahrt erfolgt von der linken Seite vom Hüttenstich aus, wie auch auf den nebenstehenden Bildern gezeigt wird.
Zum Abschluss der Betrachtung der Vorführstiche noch ein Beispiel dafür, wie wichtig es ist, dass bestimmte Grundregeln beachtet werden und dass man das Fahren im schwierigen Gelände nie auf die leichte Schulter nehmen darf. Wer ein Fahrzeug dort bewegt, sollte immer konzentriert sein und nicht den Respekt verlieren.
In den nachfolgenden Bildern sieht man was passiert, wenn Wege gefahren werden, die selten benutzt werden und warum man schon gar nicht fahren sollte, wenn alle Schleusen des Himmels geöffnet sind:
Bei einer internen Versuchsveranstaltung waren als Höhepunkt Vorführungen mit den 6x6- und 8x8-Vorführkippern vorgesehen. Ich ließ es mir nicht nehmen, die steilen Anstiege mit dem 8x8-Kipper 932 V58 selbst hinauf- und hinunterzufahren.
Zum Leidwesen aller goss es jedoch in dieser Zeit wie aus Kübeln.
Begonnen wurde die Vorführung oben neben dem Besucherpodest mit der seitlich versetzten und schräg verlaufenden Abfahrt neben dem 65-Prozent-Stich.
Diese Abfahrt wird bei Vorführungen selten genutzt, was sich daran erkennen lässt, dass der felsige Boden mit einem leichten Moosbelag bestückt ist. Dieser Umstand erwies sich kurz nach Fahrtantritt leider als äußerst fatal.

Bis hierher schaffte es der 8x6-Kipper (Typ 964 V166), dann war Schluss. Mit eingelegten Längs- und Quersperren drehten alle Antriebsräder durch, sichtbar auch am Reifenabrieb.

An dieser Stelle ist die zweite Vorderachse stärker entlastet (siehe Pfeil).

Beim Hochfahren auf den Absatz wird die zweite Vorderachse dann wieder stärker belastet.

Wichtiger Tipp aus der Praxis: Konkave Fahrspuren sollten möglichst mittig genommen werden.

Falsche Seite, nicht aus dieser Richtung kommen! 6x6-Kipper (Typ 964 W254 ) beim Einfädeln in die 65-Prozent-Steigung.

Aufgrund des starken Regens entschloss ich mich, neben dem obligatorischen Einlegen der Längssperren auch die Hinterachs-Quersperren zu schalten. Wie auch bei den Fahrten im Hütten- und Stangenstich erschien dies für mich als die bestmögliche Entscheidung – was sich jedoch bereits nach wenigen Sekunden als großer Trugschluss erwies.

Wenige Meter nach Startbeginn war die Einfahrt in den Gefälleteil erreicht.

Wie schon bei den Fahrten im Hütten- und Stangenstich ausgeführt, müssen die Fahrzeuge bei den Gefällefahrten in der Lage sein, ohne Betätigung der Fußbremse, nur mit der Motorbremse, zum Stehen zu kommen.

Nach einem weiteren Wegstück bekamen die Hinterachsräder schließlich den moosbewachsenen Untergrund zu fassen. Allein das eingeleitete Motorbremsmoment genügte, dass an beiden Hinterachsen alle Räder plötzlich blockierten und

So sieht die optimale Spurhaltung aus:

Beide Vorderräder laufen leicht erhöht neben der Kuhle.

Auch hier ein Beispiel für gute Spurhaltung: beide Vorderräder laufen leicht versetzt neben der ausgewaschenen Fahrspur. Absolut vermieden werden muss, dass beim Einlenken ein Rad so weit hochläuft, dass das tiefer stehende Rad in der Fahrrinne wie in einem Schraubstock eingepresst wird.

zur abfallenden Hangseite versetzten. Das gesamte Fahrzeug rutschte nun mehrere Meter auf dem mit Fahrspuren ausgewaschenen Felsboden hinab. Ich war darauf gefasst, dass es in jedem Moment zur Seite kippen könnte.

Oben, links: Start einer Präsentationsfahrt mit dem blauen Actros-Vorführkipper (Typ 932 V58) neben dem Besucherpodest.

Oben, rechts: Die rote Linie zeigt, wo die Fahrt hätte hingehen sollen. Der Pfeil zeigt an, wo sie endete.

Links: Der 8x8-Kipper bei der Einfahrt in den Verbindungsweg, neben dem 65-Prozent-Stich.

Unten, links: An dieser Stelle wurde die Fahrt abrupt gestoppt.

Unten, rechts: Immerhin: Der Vorführkipper konnte sich aus dieser misslichen Lage selbst »befreien«, die Fahrt konnte ohne Schäden fortgesetzt werden.

Zwei glückliche Umstände verhinderten dies aber: Zum einen war das Fahrzeug nur mit Tonnenklötzen beladen, hatte also einen niedrigen Schwerpunkt, und zum anderen wurde das Querrutschen durch einen hervorstehenden Felsen gestoppt, der noch mit einem kleinen Bäumchen bewachsenen war.
Dieser Vorfall ist nun genau jenem Phänomen geschuldet, dass bei eingelegten Hinterachs-Quersperren und eingeleiteten Brems- oder Antriebskräften ein Giermoment aufgebaut wird, das die Hinterachsräder zur Seite versetzen lässt. Der rutschige, moosbewachsene Untergrund tat ein Übriges dazu.
Die nachfolgenden Bilder geben den Verlauf dieser misslichen Fahrt en détail wieder.

## 15.4 Rückwärtsanfahrten während der Erprobung

Bei der Dauererprobung müssen von jedem Erprobungskipper mindestens zwei Rückwärtsanfahrten mit einer anschließenden Betätigung der Kippbrücke durchgeführt werden. Für diese Rückwärtsfahrten stehen zwei unterschiedliche Trassen zur Auswahl.
Zum einen der felsige Anstieg mit rund 35 Prozent Steigung neben dem Stangenstich und zum anderen das betonierte Teilstück, das in der Mitte des Saubergs schräg nach oben verläuft. Dabei wird die betonierte Fläche halbseitig befahren.
Der felsige 35-prozentige Anstieg ist grundsätzlich von den Allradkippern zu befahren, da felsige Absätze im letzten Stück des Felsweges den Radwiderstand deutlich erhöhen und die Hinterachsräder an Traktion einbüßen. Ohne die angetriebene Vorderachse ist ein Weiterkommen nicht möglich. Nicht-Allradkipper bewältigen diesen Anstieg nur, wenn die Hinterachse genügend Druck ausüben kann, also die Hinterachslast hoch genug ist. Dies ist in der Regel nur dann der Fall, wenn die Fahrzeuge im »Überladen-Modus« fahren, das bedeutet, dass Zweiachser mit mindestens 20 Tonnen, die Dreiachser mit 33 Tonnen und Vierachser mit 41 Tonnen ausgelastet sein müssen.
Haben diese Fahrzeuge nur eine Ausladung auf ein straßenzulässiges Gewicht, dann kann die Steigung nicht bis ganz oben bewältigt werden.
Diese Fahrzeuge fahren dann halbseitig mit eingelegten Quersperren das betonierte Teilstück hoch.
Dies ist ein Paradebeispiel dafür, dass im **µ Split-Fall** die Seite mit dem höheren Kraftschlussbeiwert für die notwendige Traktion sorgen kann.
Um die richtige Position für den Start in die Rückwärtsanfahrt zu erreichen, kann der felsige Weg von oben angefahren werden. Dabei spielt es keine Rolle, ob die Anfahrt aus Richtung Hüttenstich oder vom Verwindungsgelände her erfolgt.
Wichtig ist nur, dass man oben gut ausholt, damit das Fahrzeug nicht zu sehr in Schräglage gerät. Bergabfahrten sollten, wenn möglich, immer in der Falllinie stattfinden. Generell sollten bei der Rückwärtsfahrt immer die Hinterachs-Quersperren eingelegt werden.

## 15.5 Bodenwellen, Wasser, Schlamm und Kies

Im Verwindungsgelände wird mit einer Geschwindigkeit zwischen 6 und 7 km/h gefahren. Hier bietet es sich an, den Gang zu wechseln oder vor der Einfahrt ins Gelände im Verteilergetriebe vom Geländegang in den Straßengang zu schalten.
Die Längssperren sollten geschaltet bleiben.
Durch den stark welligen Untergrund mit versetzten Höckern werden hohe Torsionskräfte in den Rahmen und Hilfsrahmen, die Federung, die achsseitig gelagerten Bauteile und in die Aufbaubefestigungen eingeleitet.
Das Durchqueren der Wasser- und Schlammbecken soll im Testbetrieb Aufschluss darüber geben, ob Wasser in bestimmte Bauteile und Baugruppen, wie etwa die Scheinwerfer oder die Elektronik, eindringen kann und wie stark solch sensible Bauteile vom Schlamm zugesetzt werden können.
Die Wasserhöhe in den künstlich angelegten Wasserbecken sollte 500 Millimeter nicht übersteigen.

**Der 8x4-Kipper (Typ 964 V154) bei der Rückwärtsfahrt in der 35-Prozent-Steigung.**

**Bis hierher und nicht weiter: Alle Hinterachsräder drehen durch.**

Das ist die Höhe, die wir als Watfähigkeits-Anforderung für alle Nicht-Allradfahrzeuge zu Grunde legen.

Bei der Fahrt im Kiesbett werden alle Sperren zugeschaltet, damit durch den plötzlich erhöhten Zugkraftbedarf alle angetriebenen Räder zur Traktionsfähigkeit beitragen können. Damit wird die Funktionalität der Quersperren überprüft und hier insbesondere der Vorderachsquersperre, die ansonsten im Sauberggelände so gut wie nicht betätigt wird.

Die Allradfahrzeuge fahren dabei komplett durch den Kies, während die Nicht-Allradfahrzeuge das Kiesbecken nur halbseitig durchfahren.

Abschließend noch ein Tipp fürs Fahren im Verwindungsgelände: Beim Durchfahren der Buckelpiste erhält das Lenkrad Drehstöße, die manchmal unvermittelt und heftig auftreten können.

Bei einem starken Ausschlag kann sich das Lenkrad schon mal um 90 Grad verdrehen und der Fahrer geht ein hohes Verletzungsrisiko ein, wenn die Hände oder Finger mittig auf dem Pralltopf oder zwischen den Lenkradspeichen liegen.

Aus diesem Grund ist es ratsam, das Lenkrad immer nur an den Außenseiten anzufassen und selbst den Daumen **nie** an die Innenseite des Lenkrads zu legen. Eine solche Lenkradhaltung sollte man sich generell aus Sicherheitsgründen bei Fahrten im Gelände angewöhnen.

In einem der beigefügten Bilder wird auch das Thema Schräglage angesprochen. Darauf möchte ich im nächsten und letzten Abschnitt noch etwas näher eingehen.

## 15.6 Schräglagen im Gelände

Eine der Hauptregeln der Fahrweise im Gelände lautet »das Fahrzeug immer, wenn möglich, in der Falllinie bewegen«.

Es ist damit also auf jeden Fall zu unterlassen,

Die Pfeile deuten auf den schräg verlaufenden griffigeren betonierten Weg, auf dem das Rückwärtsfahren mit einem 8x4 bis oben hin möglich ist.

Das Betonstück wird in dieser Versuchsfahrt nur halbseitig mit der linken Fahrzeugseite befahren.



einen Hang zu queren. Dieser Grundsatz sollte immer beherzigt werden.
Trotzdem kann es natürlich vorkommen, dass Abbiegemanöver gefahren werden, bei denen die Falllinie zwangsläufig verlassen werden muss und das Fahrzeug in Schräglage gerät. So gibt es selbst-

Ein Foto mit Seltenheitswert: Der Actros-6x6-Prototyp Mitte der 1990er-Jahre in der Verwindung.

Der Axor-Kipper (Typ 942 W33) bei der Einfahrt ins Schlammbecken – und bei der Schlamm-Durchfahrt.

| Die 6 goldenen Regeln für Allrad-Lkw-Fahrer |
| --- |
| 1. Im Berg niemals schalten! |
| 2. Am Berghang – wenn möglich – immer in der Fall-Linie fahren |
| 3. Bei der Bergabfahrt denjenigen Gang wählen, mit dem das Fahrzeug allein durch Dauerbremsen (Motobremse, Retarder) gehalten werden kann. |
| 4. Nur rollende Räder können Seitenkräfte übertragen |
| 5. Beim Fahren im unwegsamen Gelände das Lenkrad immer außen anfassen. Finger haben innerhalb des Lenkrades nichts verloren! |
| 6. Im unwegsamen Gelände immer die Längssperre einlegen |

verständlich auch im Rahmen der festgelegten Fahrstrecke, die während der Dauererprobung gefahren werden muss, neben der halbseitigen Fahrt durch das Kiesbecken noch zwei bis drei weitere Stellen, an denen sich eine Schräglage entweder nicht vermeiden lässt, oder an denen sie stellenweise sogar gewollt ist.
In der Schräglage treten hohe Querkräfte ein, die eine zusätzliche Belastung für die Motor- und Fahrerhauslagerung und die Aufbaubefestigungen darstellen. Auch die Feder-, Stabilisator- und Lenkerlagerungen werden hoch beansprucht.
Auch für den Fahrer fühlt sich eine seitliche Neigung des Fahrzeugs immer unangenehm an. Und mit dem Wissen, dass man gerade 40 Tonnen oder mehr hart am Hang bewegt, hegt man doch gewisse Zweifel, ob das Fahrzeug nicht auch kippen könnte.

Für die vorgegebene Fahrstrecke besteht keine Kippgefahr, auch wenn in dem einen oder anderen Fall ein Hinterrad oder ein Vorderrad mal kurz abheben kann.
Grundsätzlich ist aber immer zu beachten, dass die Räder sich drehen müssen. Denn nur so können sie Seitenkräfte übertragen.
Und sollte eine gewisse Unsicherheit in der Schräglage mal aufkommen, dann auf keinen Fall auf die Bremse treten, sondern das Fahrzeug einfach rollen lassen oder auch leicht Gas geben.

**Merksatz: Nur rollende Räder können Seitenkräfte übertragen!**

Die umliegenden Abbildungen zeigen weitere Situationen im Gelände, an denen die Fahrzeuge in eine merkliche Schräglage geraten.
Darunter ist auch eine Fahrt durch das alte Wasserbecken des Sauberg-Geländes, die in dieser Form absolut tabu sein sollte: Durch das halbseitige Befahren des hoch liegenden Felsgesteins mit der rechten Fahrzeugseite gerät der dreiachsige Allradkipper in eine gefährliche Schieflage.

8x4-Arocs (Typ 964 V178) bei der halbseitigen Fahrt durchs Kiesbett.

Der 964 V169 durchfährt mit der linken Fahrzeugseite das Kiesbecken. Zur Vermeidung der Schräglage ist die gegenüberliegende Seite vorzuziehen (siehe unten).

Auf dieser Seite erhält das Fahrzeug (im Bild der 8x4-Kipper, Typ 964 V154) aufgrund des niedrigeren Felsabsatzes eine geringere Schräglage. Der Pfeil weist auf den höheren Felsabsatz hin, der im obigen Bild durch den 964 V169 befahren wurde.

Abschließen möchte ich das Buch jedoch nicht mit diesem »Schreckens«-Bild, sondern mit dem Foto des Arocs-8x8, der sich im Rahmen einer Pressevorführung über eine Bodenwellen-Formation bewegt und dabei seine vier Achsen »katzengleich« an den Untergrund schmiegt.

So sieht die richtige Lenkrad-Haltung aus: Daumen außen auf dem Lenkrad.

»Katzengleich« schmiegen sich die Achsen des Arocs 4151 8x8-Allradkippers an eine Bodenwellen-Formation. (Foto: Daimler Truck)

Der 964 W250 nach der Abfahrt aus dem Stangenstich mit großem Lenkeinschlag, um wieder in den Berg einzufahren. Schräglage ist gerade noch in Ordnung, obwohl das linke Vorderrad bereits abhebt.

Der 964 V77 vom unteren Weg kommend, einbiegend in den Stangenstich. Die Schräglage ist in Ordnung, alle Räder haben noch Bodenkontakt. Hier kann es aber schon mal vorkommen, dass ein Hinterrad oder ein Vorderrad (besonders bei einem Dreiachser) kurz abhebt.

Versuch einer halbseitigen Durchquerung des Wasserbeckens: Die Schräglage ist nicht in Ordnung, die Räder auf der rechten Fahrzeugseite hängen bereits komplett in der Luft.

Know-how

UNIMOG
mu se um
AUF DEN SPUREN EINER LEGENDE
UNIMOG

# Allrad-Lkw – Lust aufs Fahren?

## 16. Allrad-Lkw – Lust aufs Fahren?

Dieses Buch richtet sich an Einsteiger und Profis, an Gewerbsmäßige- und Freizeitfahrer. Viele Fahrer von Kipperfahrzeugen oder auch Reisemobilisten mit ihren Allradfahrzeugen werden die ein oder andere beschriebene Fahrsituation abseits der Straße selbst schon erlebt haben, bei der sich ein leicht mulmiges Gefühl einstellte. Auf der anderen Seite gibt es sicherlich auch einen breiten Leserkreis, der zwar bereits Erfahrungen im Lkw- oder Offroad-Fahren hat, aber solch extremen Fahrsituationen noch nicht ausgesetzt war.
Und schließlich gibt es sicherlich auch einige Leserinnen und Leser, die bisher wenig Berührungspunkte mit Lkw hatten und nun durch das Lesen dieses Buches motiviert wurden, einmal in einem Lkw sitzend steile Steigungen und Gefälle sowie Fahrten am Schräghang zu bewältigen. Und ganz egal ob als Chauffeur oder als Beifahrer – der Adrenalinschub ist garantiert.

Dieses Erlebnis, extremen Fahrsituationen ausgesetzt zu sein, sorgt selbst beim Lkw-Profi immer wieder für einen erhöhten Puls – doch wer über einen entsprechenden Erfahrungshorizont verfügt, der weiß intuitiv, wie solche Situationen zu meistern sind. Wer also Lust hat, sich mit einem Lkw in einem unbekannten Terrain durch Matsch und Schlamm, über steile Hügel und Schräghänge zu quälen, für den gibt es die Möglichkeit, bei ausgesuchten Veranstaltern Fahrtrainings und Fahrseminare zu buchen.
Die meisten Veranstalter bieten Fahrtrainings für größere Gruppen an, nur wenige für Einzelpersonen. In den meisten Fällen werden die Fahrevents mit dem eigenen Lkw oder Reisemobil durchgeführt. Bei meinen Recherchen bin ich aber auch auf einen Veranstalter gestoßen, der für seine Fahrseminare den Lkw selbst stellt.
Nachfolgend nun einige Adressen von Veranstaltern, die Fahrtrainings und Fahrseminare im Offroad-Gelände anbieten:

**Arocs 4x4 mit langem Fahrerhaus und Wohnmobilaufbau von Bliss Mobil, MAN TGS 4x4 mit Action Mobil-Aufbau.**

**1. Rudolf-travel**

Bietet Fahrtrainings für 4x4-Expeditions-Lkw an sowie Mitfahrgelegenheiten im gestellten 4x4-Lkw. Mehr Infos unter:
*www.rudolf-travel4x4.com*

**2. TUFA**

Bietet Fortbildungen und Fahrtrainings für 4x4-Nutz- und Einsatzfahrzeuge sowie Expeditionsfahrzeuge an. Nur mit eigenen Fahrzeugen möglich. Der zugehörige Link lautet:
*https://mb-offroad.com*

**3. Offroad-Akademie**

Bietet umfassendes Allrad-Training für 4x4-Fahrzeuge, in der Hauptsache für Expeditionsfahrzeuge. Fahrtrainings aber auch für mehrachsige Fahrzeuge im kommunalen Bereich möglich. Details unter dem Link:
*https://www.offroad-akademie.eu*

Zwei Umbauten der SK-Baureihe: 6x6, ausgerüstet von Füss Mobile (unten) und 4x4 von Orangework (ganz oben).

Eine gute Wahl für den nächsten Trip durch Afrika: Zetros 6x6 mit Planenaufbau.

Der Unimog zählt zu den beliebtesten Reisemobilen, hier bei der Verwindungsfahrt über quer liegende Baumstämme.

**4. Proventure Tours**

ein Veranstalter aus Österreich, bietet Fahrseminare für zwei- und dreiachsige Allrad-Expeditionsfahrzeuge an. Weitere Infos unter:
*https://proventure.at*

**5. Unimog-Museum**

Auch wenn das Unimog-Museum sich auf den Unimog spezialisiert hat, möchte ich es an dieser Stelle doch erwähnen. Herausragend ist das neben dem Museum liegende Außengelände, das einen Gelände-Parcours mit unterschiedlichen Hindernissen abbildet. Hier müssen quer liegende Baumstämme, Rampen und ein Hügel mit 60 Prozent Steigung überquert werden. Das Fahrerlebnis wird mit einem Unimog als Mitfahrgelegenheit angeboten. Wer am eigenen Leib spüren möchte, wie sich 60 Prozent anfühlen, dem kann ich solch eine Fahrt nur empfehlen.
Keine zehn Kilometer entfernt vom Unimog Museum Gaggenau liegt das Unimog Testgelände in Ötigheim. In diesem Offroad-Gelände werden Fahrseminare mit Unimogs für Gruppen, aber auch für Einzelpersonen angeboten. In Einzelfällen sind aber auch Kurse mit Lkw möglich. Nähere Auskünfte erteilt das Unimog-Museum unter:
*https://www.unimog-museum.com*

## 16.1 Allrad-Lkw – die idealen Reisemobile

So wie mich vor über 40 Jahren das Fernweh packte und ich unbedingt mit einem geländefähigen Lkw die Wüste erkunden wollte, so teilen heute immer mehr Menschen die Begeisterung, fremde Länder und Kulturen kennenzulernen. Und so wie ich damals stehen die Reiselustigen vor der Frage, mit welchem Fahrzeug eine solche Fahrt ins Unbekannte am besten gelingen könnte.
Als Wüstenfahrzeug genießt der Unimog einen fast schon legendären Ruf. Entsprechend spezialisierten sich zahlreiche Aufbauhersteller auf den Unimog als Basisfahrzeug.

Schaut man sich jedoch in der Reisemobilbranche (oder auf einschlägigen Messen) um, so fällt auf, dass mittlerweile auch durchaus zahlreiche Lkw mit Allradantrieb als Basisfahrzeug verwendet werden. Das ist kaum verwunderlich, geht der Trend doch mittlerweile zu mehr Individualität, auch bei der Routenwahl. Auch lassen sich bei den serienmäßig angebotenen langen Radständen auch Anforderungen nach einem größeren Platzbedarf leichter umsetzen, wenn man beispielsweise nicht nur zu zweit, sondern mit der ganzen Familie unterwegs sein möchte.

Reiseerinnerungen: Glückwünsche und Grußbotschaften, verewigt am Fahrerhaus des 6x6, von Füss Mobile.

# Schlusswort

Wenn Sie, liebe Leserinnen und Leser, an dieser Stelle angelangt sind, wünsche ich mir, dass die Erwartungen, die ich eingangs des Buches durch meine Erläuterungen und Hinweise geschürt habe, erfüllt werden konnten.

Ich kann durchaus verstehen, wenn die theoretischen Betrachtungen über die Kräfteverhältnisse für den ein oder anderen schwer zu verstehen waren. Dahingehend würde es mich jedoch freuen, wenn ich die praxisnahen, selbst erlebten Fahreindrücke authentisch vermitteln konnte und wenn selbst die mit einem Allrad-Lkw vertrauten Personen in der einen oder anderen Situation meine Betrachtungen unterstreichen und an anderer Stelle vielleicht sogar ausrufen konnten »so habe ich das noch nicht gekannt«.

Dann haben die Fahr-Impressionen zumindest einen spannenden Gegenpol zur trockenen Theorie bilden können.

Elementar ist für mich jedoch, dass Ihnen, liebe Leserinnen und Leser, die Allradtechnik im Lkw plausibel erklärt werden konnte und dass Sie mir am Schluss des Buches bei meinem Resümee zustimmen: Allrad und Offroad sind im Lkw-Bereich ein unzertrennliches Paar!

Noch ein Blick in die Zukunft: In dem Zeitraum, in dem ich das Material für dieses Buch sammelte, war das Thema Elektroantrieb noch ein ganz zart

sprießendes Pflänzchen. Das hat sich in den letzten Jahren grundlegend gewandelt, die Entwicklungsbereiche arbeiten intensiv an diesem Thema. So habe ich mir schon Gedanken gemacht, ob die Abhandlungen in diesem Buch nicht Schnee von gestern sind, wenn Neuentwicklungen nicht berücksichtigt werden. Doch ich beruhigte mich schnell, denn die Physik ändert sich nicht. Ob mit oder ohne Elektroantrieb, der Lkw ist den gleichen Fahrwiderständen ausgesetzt und muss die gleichen Zugkräfte auf den Boden bringen. Und an den Rädern muss ein Drehmoment anliegen, dem es egal sein kann, ob der zugehörige Lieferant ein E-Motor oder ein Verbrenner ist.

Doch aufgepasst, ist dies tatsächlich so? Spielt es für den Kipper und explizit für den Allradkipper tatsächlich keine Rolle, welcher Motor ihn antreibt? An dieser Stelle hege ich doch meine Zweifel: Kann der E-Motor im kleinen Geschwindigkeitsbereich unter hoher Belastung und im steilen Anstieg ein genauso hohes Moment zur Verfügung stellen wie der Verbrenner-Motor? Kann er bergab im kleinsten Gang mit hohem Bremsmoment dafür sorgen, dass der schwere Lkw gehalten wird? Auch im »Packaging« gibt es Fragen: Wo werden die Batteriepakete untergebracht? Sind sie vor herabfallendem Schüttgut geschützt und besteht noch genügend Bodenfreiheit?

Diese und mehr Fragen werden die Entwicklungsingenieure in den nächsten Jahren zu lösen haben. Und dann kann es gut sein, dass auf dem härtesten Erprobungsgelände der Welt wieder reger Verkehr herrscht.

## Quellenverzeichnis

Nachfolgend sind die Quellen aufgeführt, die für die Erstellung des Buches hinzu gezogen wurden. Dies können Ausschnitte aus Fachbüchern oder interne Präsentationsvorlagen sein.


- Adam Zomotor: Fahrwerktechnik: Fahrverhalten. Vogel Buchverlag, Würzburg.
- Fachkunde Kraftfahrzeugtechnik aus der Europa-Fachbuchreihe. Verlag Europa –Lehrmittel.
- Jürgen Stockmar: Das große Buch der Allrad-Technik. Motorbuch Verlag, Stuttgart (2004).
- Buchmann/ Kössler: Handbuch der Kraftfahrzeugtechnik, Band 2. Wilhelm Heyne Verlag München.
- Bosch: Kraftfahrtechnisches Taschenbuch. VDI-Verlag Düsseldorf.
- Daimler AG: Neue Allrad-Fahrzeuge mit Motor OM 442 A. Export Rundschreiben Nr.: 306/ 87/ D, 1987.
- Nils Rheker, TP/EVH: Funktion VG 2800 und VG 3000, Team Antriebstrangintegration. Stuttgart, 01. Oktober 2009.
- Technische Daten aus SFTP-Datenblättern.